"十二五"国家计算机技能型紧缺人才培养培训教材

教育部职业教育与成人教育司
全国职业教育与成人教育教学用书行业规划教材

新编中文版

EDIUS 7
标准教程

U0195514

编著／谢 东

光盘内容
110个范例的视频教学文件、相关素材、效果文件和
教学课件

海洋出版社
2015年·北京

内 容 简 介

本书是专为想在较短时间内学习并掌握影视动画非线性编辑软件 EDIUS7 的使用方法和技巧而编写的标准教程。本书语言平实，内容丰富、专业，并采用了由浅入深、图文并茂的叙述方式，从最基本的技能和知识点开始，通过大量上机实训和综合项目练习，帮助读者轻松掌握中文版 EDIUS7 的基本知识与操作技能，并做到活学活用。

本书内容：全书共分为 11 章，着重介绍了 EDIUS7 的基础知识；工程文件和素材管理；素材的编辑；视频布局；字幕素材的应用；视频与音频特效；转场；其他特效；渲染与输出等知识。并通过制作电子相册和制作科普视频两个综合项目，详细介绍了使用 EDIUS7 进行影视动画编辑的方法与技巧。

本书特点：1. 基础知识讲解与范例操作紧密结合贯穿全书，边讲解边操练，学习轻松，上手容易；2. 提供重点实例设计思路，激发读者动手欲望，注重学生动手能力和实际应用能力的培养；3. 实例典型、任务明确，由浅入深、循序渐进、系统全面，为职业院校和培训班量身打造。4. 每章后都配有练习题，利于巩固所学知识和创新。5.书中重点实例均收录于光盘中，采用视频讲解的方式，一目了然，学习更轻松！

适用范围：适用于全国职业院校 EDIUS 影视编辑专业课教材，社会 EDIUS 影视编辑培训班教材，也可作为广大初、中级读者实用的自学指导书。

图书在版编目(CIP)数据

新编中文版 EDIUS7 标准教程/ 谢东编著. -- 北京 ： 海洋出版社，2015.6
ISBN 978-7-5027-9157-5

Ⅰ．①新… Ⅱ．①谢… Ⅲ．①视频编辑软件—教材 Ⅳ．①TN94
中国版本图书馆 CIP 数据核字(2015) 第 103913 号

总 策 划：刘斌		**发 行 部**：(010) 62174379（传真）(010) 62132549
责任编辑：刘斌		(010) 62100075（邮购）(010) 62173651
责任校对：肖新民		**网 址**：http://www.oceanpress.com.cn/
责任印制：赵麟苏		**承 印**：北京朝阳印刷厂有限责任公司
排 版：海洋计算机图书输出中心 晓阳		**版 次**：2021 年 1 月第 1 版第 2 次印刷
出版发行：海洋出版社		**开 本**：787mm×1092mm 1/16
地 址：北京市海淀区大慧寺路 8 号（707 房间）		**印 张**：16.5
100081		**字 数**：396 千字
经 销：新华书店		**定 价**：38.00 元 （1DVD）
技术支持：010-62100055		

本书如有印、装质量问题可与发行部调换

前　言

EDIUS 是日本 Canopus 公司出品的优秀非线性编辑软件，它是为了满足广播电视和后期制作的需要而专门设计的，可以支持当前所有标清和高清格式的视频编辑。EDIUS 具有易学易用、可靠的稳定性并支持大量的第三方插件等特点，为广大专业视频制作者和广播电视人员所使用，是混合格式编辑的绝佳选择。

本书以最新版的 EDIUS 7 软件为主体，通过由浅入深、循序渐进的方式以及丰富的实例、以图析文的编写特点，介绍了 EDIUS 7 的使用方法和技巧。本书在写作方式上采取"知识讲解—上机实训—疑难解答—课后练习"的方式，通过实例与知识点的结合，引导用户在一步步操作的过程中，有目的地练习和掌握相关知识，并通过综合项目设计对各章内容进行巩固和提高；疑难解答专为用户解答一些操作中容易出现的困难和疑惑，进一步拓展了各章的知识；课后练习也紧扣各章内容，让用户在学习之后马上对知识进行巩固练习，以便更好地吸收这些内容。另外，书中还提供了一些技巧和提示，对知识点和操作进行了辅助介绍和延伸，具有很高的实用价值。

全书共分 11 章，内容介绍如下：

第 1 章介绍了 EDIUS 7 的基础知识，主要包括 EDIUS 的启动、操作界面的组成、操作界面的布局以及常用设置等内容；

第 2 章介绍了 EDIUS 工程文件与素材管理的方法，包括在 EDIUS 中管理工程文件、采集素材和管理素材的各种操作方法；

第 3 章介绍了素材的编辑方法，包括通过预览窗口编辑素材、通过时间线窗口编辑素材、音频素材的基本编辑和同步录音操作以及多机位素材的编辑方法等内容；

第 4 章介绍了视频布局的方法，包括视频布局的使用方法、素材的调整以及各种动画效果的制作等内容；

第 5 章介绍了字幕素材的应用知识，包括 Quick Titler 窗口的组成，字幕、图像、几何图形的创建和编辑操作，多字幕对象的管理方法等内容；

第 6 章介绍了视频与音频特效的应用知识，包括滤镜的基本操作、视频滤镜与音频滤镜的应用等内容；

第 7 章介绍了转场的应用知识，包括转场的基本操作、常见转场的应用、音频淡入淡出转场的应用等内容；

第 8 章介绍了其他特效的应用知识，包括字幕混合特效的基本操作与应用、键特效的应用与设置等内容；

第 9 章介绍了渲染与输出工程的知识，包括渲染工程的操作、转换文件的应用、输出文件的操作、刻录光盘的步骤等内容；

第 10 章通过制作电子相册案例，全面练习并巩固了全书讲解的相关内容，包括创建工程、添加素材、设置转场效果、设置视频布局效果、设置字幕和输出工程等内容。

第 11 章通过制作科普视频案例，练习并巩固了视频滤镜和转场的应用、添加同步字幕、特色字幕的制作过程以及添加音效和背景音乐等内容。

本书可以作为职业院校影视编辑专业课教材、社会电脑培训班 EDIUS 课程教材，并适合

EDIUS 7 爱好者和各行各业涉及使用此软件的人员作为参考书学习。

　　本书由谢东编著，参加编写、校对、排版的人员还有陈林庆、李静、陈锐、曾秋悦、刘毅、邓曦、胡凯、林俊、郭健、程茜、张黎鸣、汪照军、邓兆煊、李辉、张海珂、冯超、黄碧霞、王诗闽、余惠娟、熊怡等。

　　在此感谢购买本书的读者，虽然编者在编写本书的过程中倾注了大量心血，但恐百密之中仍有疏漏，恳请广大读者及专家不吝赐教。你们的支持是我们最大的动力，我们将不断勤奋努力，为您奉献更优秀的电脑图书。

目　录

第 1 章　初识 EDIUS 7

EDIUS 是一款优秀的非线性编辑软件，具备实时、多轨道、多格式混编、合成、字幕和时间线输出等视频编辑功能，能出色地完成各种视频的后期制作和处理，广泛用于新闻采访、会议记录、休闲娱乐及商业视频等领域。在学习使用 EDIUS 7 进行视频后期编辑操作之前，本章将先介绍 EDIUS 7 的一些基本知识，主要包括 EDIUS 的启动、操作界面的组成、操作界面的布局以及常用设置等。

　学习要点

- ➢ 设置颜色
- ➢ 画笔工具与铅笔工具
- ➢ 使用【画笔】面板
- ➢ 自定义画笔与图案
- ➢ 历史记录画笔工具与历史记录艺术画笔
- ➢ 渐变工具与油漆桶工具
- ➢ 抹除工具
- ➢ 颜色替换工具

1.1　EDIUS 7 的用途与特点

EDIUS 是一款非线性编辑软件，非线性编辑的主要特点是提供对原素材任意部分的随机存取、修改和处理，所以其拥有多种用途且具有鲜明的特点。

1.1.1　EDIUS 7 的用途

EDIUS 7 是专门为录制好的视频进行后期的编辑制作而设计的，其用途较广，包括采访记录、个人娱乐和广告视频等领域。

（1）**采访记录**：EDIUS 可在 4E8E 新闻报道采访记录完成后，对所录制的视频进行后期制作，如剪切视频、创建字幕和添加录音等。

（2）**个人娱乐**：EDIUS 带有丰富多彩的视频特效，可以用于制作精美、炫丽的个人录制的生活视频。

（3）**广告视频**：广告视频是为某一产品或服务所制作的突出其主题的视频，EDIUS 在制作这种视频时，可运用其视频特效和画面的切换，传达广告视频想要表现的内容。

1.1.2　EDIUS 7 的特点

EDIUS 是目前使用率较高的一款非线性编辑软件，它拥有快速灵活的用户界面，无须转换格式便可直接进行实时编辑，可任意切换高清或标清视频等特点。

（1）灵活的用户界面：在 EDIUS 7 中用户可根据自身的操作习惯，随意更改各窗口和版面的位置。

（2）无须转换格式：不同设备录制的视频格式可能会不一样，对于大部分常见设备录制完成的视频文件，其视频格式都可直接导入 EDIUS 中进行编辑，省去了转换视频格式的麻烦。

（3）分辨率切换：EDIUS 可将视频分别导出为分辨率要求较高或要求较低的不同格式，以便满足不同的用户需求。

1.2 启动 EDIUS 7 并新建工程文件

成功安装 EDIUS 7 后，第一次启动该软件将被询问设置工程文件夹的保存路径。完成此设置后，还将根据 EDIUS 提供的向导来完成工程文件的新建操作。

下面以设置 EDIUS 7 文件夹为工程文件的默认文件夹为例，介绍启动 EDIUS 7 并新建工程文件的方法。

 实例 1-1——新建工程文件

素材文件	无	效果文件	无
视频文件	视频\第 1 章\1-1.swf	操作重点	操作重点：启动 EDIUS 7、新建工程文件

1 单击"开始"按钮 ，在弹出的"开始"菜单中选择【所有程序】/【Grass Valley】/【EDIUS 7】菜单命令，或直接双击桌面上的 EDIUS 7 快捷启动图标 启动该软件，此时将自动打开"文件夹设置"对话框，单击 按钮，如图 1-1 所示。

2 打开"浏览文件夹"对话框，在其中指定工程文件夹存放的路径，然后单击 按钮，如图 1-2 所示。

图 1-1 设置工程文件夹保存位置

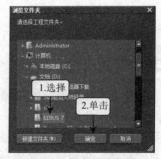

图 1-2 指定保存位置

3 返回"文件夹设置"对话框，单击 按钮，如图 1-3 所示。

4 打开"创建工程预设"对话框，在"尺寸"栏中选中"DV"复选框，在"帧速率"栏中选中"23.98p"复选框，在"比特"栏中选中"8bit"复选框，单击 按钮，如图 1-4 所示。

图 1-3　确认设置

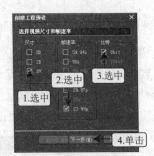

图 1-4　设置视频格式

5　在打开的对话框中选中所有工程预设对应的复选框，单击 下一步(N) 按钮，如图 1-5 所示。

6　打开"工程设置"对话框，在"工程名称"文本框中输入"新建"，在"预设列表"栏中选择第 1 种工程预设的选项，如图 1-6 所示，确认设置即可成功新建工程。

图 1-5　选择工程预设

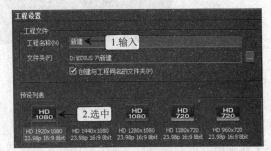

图 1-6　设置工程名称和预设格式

1.3　熟悉 EDIUS 7 的操作界面

EDIUS 7 的操作界面主要由预览窗口、素材库窗口、时间线窗口和信息窗口四大部分组成，如图 1-7 所示。

图 1-7　EDIUS 7 的操作界面

1.3.1　预览窗口

　　预览窗口位于操作界面的左上方，可以通过单击窗口中的"切换到播放窗口"按钮 PLR 或"切换到录制窗口"按钮 REC 来相互切换播放和录制窗口。其中，播放窗口用于采集素材和单独显示素材，并对素材进行预览；录制窗口可观看同步时间线上编辑的内容。

　　预览窗口由菜单栏、预览区和工具栏三部分组成，如图 1-8 所示。

图 1-8　预览窗口的界面

　　（1）菜单栏：在菜单栏中集合了所有操作功能的命令显示，单击相应菜单项，可在弹出的下拉菜单中选择命令来执行操作。单击菜单栏右侧的"最小化"按钮 和"退出"按钮 可以分别最小化 EDIUS 软件和退出软件。

　　（2）预览区：其主要功能为显示剪辑效果和播放多媒体视频。在菜单栏中选择【视图】/【单窗口模式】或【双窗口模式】菜单命令可以切换预览区为单窗口或双窗口模式，单窗口模式主要是指在预览区中预览最终的剪辑效果，使用双窗口模式时，左侧显示素材预剪辑的效果，右侧显示最终的剪辑效果。

　　（3）工具栏：该栏中的各种功能按钮可以进行视频的常规操作，其中包括设置入点和出点，播放、停止、快进素材内容，播放指针区域，输出素材等操作。

1.3.2　素材库窗口

　　素材库窗口位于操作界面的右上方，其主要作用是导入和管理素材，其素材包括视频、音频、字幕和序列等。在属性栏中选择【视图】/【素材库】菜单命令可以显示或隐藏素材库窗口。

　　素材库窗口分为工具栏、操作区和面板选项卡三部分，在面板选项卡中可以切换素材库、特效、序列标记和源文件浏览四个面板，如图 1-9 所示。

图 1-9　素材库窗口的界面

1．素材库面板

"素材库"面板的主要作用是导入和管理素材以及创建不同的文件夹存放素材并对其分别管理，另外在此面板右侧可以显示存放素材的缩略图，用户可以根据个人需要改变素材缩略图的类型和外观。

"素材库"面板分为文件夹区、缩略图区和属性栏三部分，如图 1-10 所示。

图 1-10 "素材库"面板

（1）文件夹区：在其中可以进行新建、打开和重命名文件夹以及导入、导出等操作。

（2）缩略图区：在其中可以添加文件、添加字幕、新建素材和排序缩略图等，也可以进行剪切、复制、粘贴和删除素材以及更改素材颜色等操作。

（3）属性栏：其主要作用为查看素材的属性。

2．特效面板

"特效"面板提供了视频滤镜、音频滤镜、转场、音频淡入淡出、字幕混合以及键特效等设置，其主要作用是丰富剪辑作品的效果。

3．序列标记面板

"序列标记"面板可以显示在时间线上创建的标记信息，如入点、出点、持续时间和注释等。在其中还可设置标记、编辑入点/出点、编辑标记注释、导入和导出标记列表等。

4．"源文件浏览"面板

"源文件浏览"面板可快速查找 CD/DVD、GF、可移动媒体、XF、XDCAM 等设备中的信息，以便提高查找素材的效率。

1.3.3 时间线窗口

时间线窗口位于操作界面的左下方，是 EDIUS 软件的核心组成部分，在其中可进行视频、音频、图像、文字等素材的编辑。所有的编辑工作都是在时间线上进行的，并且时间线上的内容也是最终视频输出的内容。

时间线窗口由工具栏、轨道面板、时间线轨道和信息栏四个部分组成，如图 1-11 所示。

图 1-11　时间线窗口

（1）工具栏：在其中提供了各种常用的编辑工具，如新建序列、打开工程、剪切、复制、撤销和恢复等。

（2）轨道面板：提供了一系列对时间线轨道的操作，包括添加视频和音频轨道以及复制、移动、删除、重命名轨道等操作。

（3）时间线轨道：在轨道面板右侧的每一行便是一个轨道，其作用是用来放置和进行素材编辑。时间线轨道上包含一条垂直线段，称为时间线播放指针，其作用是显示播放的进度以及对入点、出点和标记等各种对象进行定位。

（4）信息栏：显示素材的基本信息，包括播放状态、采用模式和磁盘信息等。

1.3.4　信息窗口

信息窗口位于操作界面的右下方，主要由素材的信息提示、视频布局和显示已添加的特效三部分组成，如图 1-12 所示。

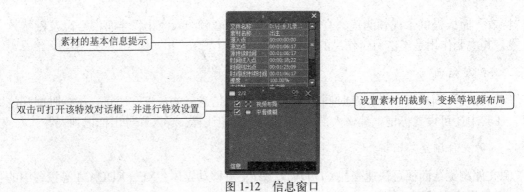

图 1-12　信息窗口

1.4　EDIUS 7 操作界面布局

EDIUS 7 的操作界面不是一成不变的，其布局方式可根据需要进行调整，其中将涉及窗口与面板的管理及各种布局功能的使用。

1.4.1　窗口与面板的管理

EDIUS 操作界面由四大部分组成，但各部分的位置可根据操作习惯重新进行布局调整。

1. 显示与关闭窗口

显示与关闭窗口的方法分别如下：

（1）**显示窗口**：选择"视图"菜单项，在弹出的下拉菜单中选择相应组成部分的命令即可显示该窗口。如选择【视图】/【时间线】菜单命令即可显示时间线窗口，如图 1-13 所示。

（2）**关闭窗口**：在窗口的右上角单击"关闭"按钮 ✕ 即可将该窗口关闭，如图 1-14 所示即为关闭素材库窗口的方法。

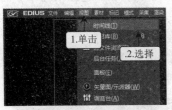

图 1-13　显示窗口

图 1-14　关闭窗口

2．调整窗口位置

将鼠标指针移动到窗口上方的空白区域，按住鼠标左键不放，将其拖动到适当位置释放鼠标即可调整窗口位置。

下面以互换预览窗口和素材库窗口的位置为例，进一步熟悉自定义窗口布局的方法。

 实例 1-2——自定义窗口布局

素材文件	无	效果文件	无
视频文件	视频\第 1 章\1-2.swf	操作重点	显示与关闭窗口、调整窗口位置

1　在 EDIUS 素材库窗口中单击右上角的"关闭"按钮 ✕，如图 1-15 所示。

2　拖动预览窗口上方的空白区域，将其移动到原素材库窗口所在的位置，如图 1-16 所示。

图 1-15　关闭窗口

图 1-16　移动窗口

3　选择【视图】/【素材库】菜单命令，如图 1-17 所示。

4　拖动素材库窗口上方的空白区域，将其移动到原预览窗口所在位置，完成操作，如图 1-18 所示。

图 1-17　显示窗口

图 1-18　移动窗口

3．显示与关闭面板

在 EDUIS 7 中的面板主要是指素材库窗口中的四个面板，显示与关闭面板的方法分别如下：

（1）显示面板：选择【视图】/【面板】菜单命令，在弹出的子菜单中选择相应命令即可显示对应的面板。如选择【视图】/【面板】/【特效面板】菜单命令可显示"特效面板"，如图 1-19 所示。

（2）关闭面板：当面板的菜单命令名称左侧出现✓标记时，表示该面板已在界面中显示，再次选择该菜单命令即可将其关闭，如图 1-20 所示为关闭"特效面板"的方法。

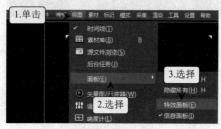

图 1-19　显示面板　　　　　　　　　　　图 1-20　关闭面板

4．组合与拆分面板

素材库窗口中的面板在初始状态时是组合在一起的，使用时可根据需要将某个面板单独拆分出来。组合与拆分面板的方法分别如下：

（1）拆分面板：在素材库窗口中拖动面板名称到该面板组名称以外的适当位置即可将所选面板拆分出来，如图 1-21 所示为拆分"素材库"面板。

（2）组合面板：拖动面板名称到另一个面板名称中，当鼠标指针变为🔲状态时，释放鼠标即可组合面板，如图 1-22 所示为将"素材库"面板组合到其他面板组。

图 1-21　拆分面板　　　　　　　　　　　图 1-22　组合面板

　　在面板组名称中，拖动面板名称到另一个面板名称左右两侧的任意一侧，当鼠标指针变为🔲状态时释放鼠标，可调整面板在面板组中的排列顺序。

5．调整面板位置

拆分出来的面板可随意调整其位置，只需拖动面板上方的空白区域或在面板左下角拖动面板名称到目标位置即可。

下面以将素材库窗口中的四个面板调整为两个面板为例，进一步熟悉面板的各种设置方法。

实例 1-3——自定义面板布局

素材文件	无	效果文件	无
视频文件	视频\第 1 章\1-3.swf	操作重点	拆分与组合面板、关闭面板、调整面板位置

1　将鼠标指针移动到 EDIUS 素材库窗口左下方的"特效"面板名称上，按住鼠标左键不放拖动到适当位置，释放鼠标，如图 1-23 所示。

2　在 EDIUS 素材库窗口中拖动"素材库"面板名称到"特效"面板名称上，当鼠标指针变为 状态时，释放鼠标，如图 1-24 所示。

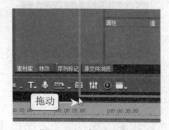

图 1-23　拆分面板

图 1-24　拆分与组合面板

3　连续两次选择【视图】/【面板】/【标记面板】菜单命令，如图 1-25 所示。

 当面板已存在于操作界面中时，若面板未处于选中状态，则第 1 次选择此面板时为选中该面板，第 2 次选择面板时才会关闭该面板。被选中的面板或窗口四周会出现绿色方框标记。

4　拖动"特效"和"素材库"组合面板上方的空白区域到素材库窗口初始位置，如图 1-26 所示。

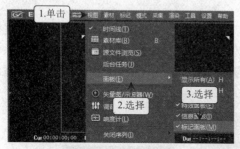

图 1-25　关闭面板

图 1-26　移动面板

5　完成所有操作后的最终效果如图 1-27 所示。

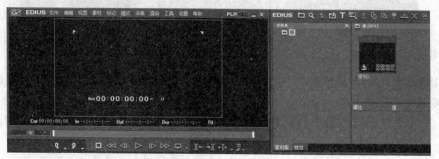

图 1-27　最终效果

1.4.2 EDIUS 7 的布局设置

在 EDIUS 7 中，可根据需要保存、应用、删除和恢复自定义布局，下面将对窗口布局的以上四种常见操作进行详细讲解。

1．保存自定义布局

保存自定义布局是为方便以后快速转换到这种布局状态，而避免每次都要重复调整的麻烦，其方法为：选择【视图】/【窗口布局】/【保存当前布局】/【新建】菜单命令，打开"保存当前布局"对话框，在其中输入名称，然后单击 确定 按钮，如图 1-28 所示。

图 1-28　保存布局

2．应用自定义布局

应用自定义布局是指将窗口布局调整到某个已保存的布局状态，其方法为：选择【视图】/【窗口布局】/【应用布局】菜单命令，在弹出的子菜单中选择已保存的某个窗口布局命令即可，如图 1-29 所示。

图 1-29　应用布局

3．删除自定义布局

已保存的窗口布局可能会因为改变工作内容等关系而变得不再实用，此时可及时将这些无用的布局删除，以便更好地进行管理，其方法为：选择【视图】/【窗口布局】/【删除布局】菜单命令，在弹出的子菜单中选择需要删除的窗口布局命令，打开"EDIUS"对话框，单击 是(Y) 按钮，如图 1-30 所示。

图 1-30　删除布局

4．恢复为默认布局

在 EDIUS 中可将布局恢复为系统的默认状态，其方法为：选择【视图】/【窗口布局】/【常规】菜单命令即可。

下面以创建"练习"布局并将窗口布局恢复到默认状态为例，巩固自定义布局的各种方法。

实例 1-4——创建"练习"窗口布局

素材文件	无	效果文件	无
视频文件	视频\第 1 章\1-4.swf	操作重点	保存自定义布局、恢复为默认布局

1 启动 EDIUS 7，将预览窗口和素材库窗口互换位置，效果如图 1-31 所示。

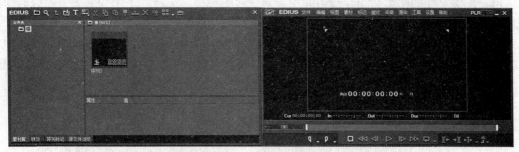

图 1-31　互换窗口位置

2 选择【视图】/【窗口布局】/【保存当前布局】/【新建】菜单命令，如图 1-32 所示。

3 打开"保存当前布局"对话框，在"名称"文本框中输入"练习"，单击 确定 按钮，如图 1-33 所示。

图 1-32　选择新建布局

图 1-33　设置名称

4 选择【视图】/【窗口布局】/【常规】菜单命令，完成操作，如图 1-34 所示。

图 1-34　恢复为默认布局

 已保存的窗口布局可通过选择【视图】/【窗口布局】/【更改布局名称】菜单命令，在弹出的子菜单命令相对应的窗口布局选项中更改该布局的名称。

1.5　EDIUS 7 常用设置操作

不同的用户使用 EDIUS 7 时会有不同要求，在使用该软件之前可对一些常用的设置进行预设，以便提高后期使用的效率和准确性。下面将主要介绍在 EDIUS 中进行系统设置和用户设置的方法。

1.5.1 系统设置

系统设置是指对工程文件、硬件、输入控制设备、导入器和导出器等进行设置。选择【设置】/【系统设置】菜单命令，在打开的"系统设置"对话框中可进行系统设置的具体操作。

1. 添加用户配置文件

用户配置文件的作用是为存储不同用户对软件的预设，选择某个用户配置文件以后所做的其他预设操作都将保存在该用户配置文件当中，以便随时调用。

添加用户配置文件的方法为：在"系统设置"对话框中，单击左侧列表框中的"应用"选项前面的 ➕ 标记，展开其子选项，然后选择"用户配置文件"选项，再在右侧单击 新建配置文件... 按钮，打开"新建预设"对话框，在其中设置名称等参数即可，如图 1-35 所示。

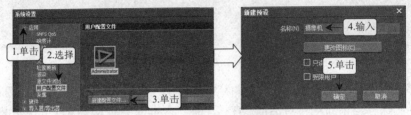

图 1-35　新建用户配置文件

 当添加用户配置文件以后，在"系统设置"对话框中可利用相应的功能按钮对用户配置文件进行复制、删除和更改等操作。

2. 新增设备预设

设备预设是指用户根据自己经常使用的硬件设备（如摄像机）的性能在 EDIUS 中进行匹配的设置，以便以后能快速导入设备中的内容。

新增设备预设的方法为：在"系统设置"对话框中，单击左侧列表框中"硬件"选项前面的➕标记，展开其子选项，然后选择"设备预设"选项，再在右侧单击 新建(N)... 按钮，打开"预设向导"对话框，根据提示进行设置即可，如图 1-36 所示。

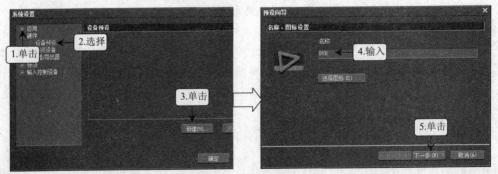

图 1-36　新增设备预设

下面以新建"VIP"用户配置文件并增加"DV"设备预设为例，介绍新建用户配置文件和新增设备预设的方法。

实践案例 1-5——创建"VIP"用户配置文件

素材文件	无	效果文件	效果\第 1 章\VIP.ezp
视频文件	视频\第 1 章\1-5.swf	操作重点	添加用户配置文件、新增设备预设

1 启动 EDIUS 7,选择【设置】/【系统设置】菜单命令,如图 1-37 所示。

2 打开"系统设置"对话框,单击左侧列表框中的"应用"选项前面的 标记,选择"用户配置文件"选项,在右侧单击 新建配置文件... 按钮,如图 1-38 所示。

图 1-37 选择系统设置

图 1-38 新建配置文件

3 打开"新建预设"对话框,在"名称"文本框中输入"VIP",单击 确定 按钮,如图 1-39 所示。

4 返回"系统设置"对话框,在左侧展开"硬件"选项,选择"设备预设"选项,单击右侧的 新建(N)... 按钮,如图 1-40 所示。

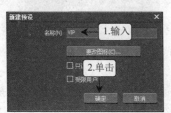

图 1-39 输入名称

图 1-40 新建设备预设

5 打开"预设向导"对话框,在"名称"文本框中输入"DV",单击 下一步(N) > 按钮,如图 1-41 所示。

6 在"预设向导"对话框中的"接口"下拉列表框中选择"Generic HDV"选项,单击 下一步(N) > 按钮,效果如图 1-42 所示。

图 1-41 输入名称

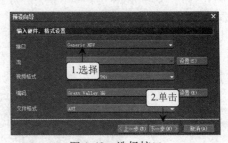

图 1-42 选择接口

7 单击 下一步(N) > 按钮,最后单击 完成(C) 按钮,完成预设向导的设置操作,如图 1-43 所示。

8 返回"系统设置"对话框中,确认设置,最终效果如图 1-44 所示。

图 1-43 完成预设向导   图 1-44 最终效果

1.5.2 用户设置

用户设置是指对应用、预览、用户界面、源文件和输入控制设备等进行设置。选择【设置】/【用户设置】菜单命令可打开"用户设置"对话框，在其中可进行用户设置的具体操作。

1．设置工程文件默认保存路径

设置工程文件默认保存路径的方法为：在"用户设置"对话框中，单击左侧列表框中"应用"选项前面的![+]标记，展开其子选项，然后选择"工程文件"选项，再在右侧的"工程文件"栏中单击![浏览...(B)]按钮，在"浏览文件夹"对话框中设置所需的路径即可，如图 1-45 所示。

图 1-45 设置工程文件默认保存路径

在"工程文件"栏下方的"最近工程"栏中，可设置最近工程的显示状态，当取消选中"显示最近素材列表"复选框后，在"文件"菜单命令的子菜单中的"最近工程"菜单命令将会变为灰色，为不可选择状态。

2．调整操作界面主题颜色

EDIUS 7 的操作界面颜色默认为中度灰色，可根据个人习惯改变 EDIUDS 操作界面的颜色。在 EDIUS 中更改操作界面颜色的关键在于合理调节红绿蓝三色的比例，从而得到合适的颜色效果。

调整操作界面主题颜色的方法为：在"用户设置"对话框左侧的列表框中，展开"用户界面"选项，选择"窗口颜色"选项，在右侧的"窗口颜色"栏中拖动红绿蓝三色的滑块，或在其相对应的文本框中输入数字即可，如图 1-46 所示。

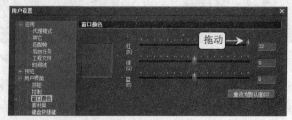

图 1-46 调整操作界面主题颜色

在"用户设置"对话框的"窗口颜色"栏中单击 按钮，可将界面还原为默认的中度灰色。

3．更改素材默认时间长度

素材默认时间长度是指将素材拖动到时间线上以后，素材所显示的时间长度。更改此参数的方法为：在"用户设置"对话框左侧的列表框中，展开"源文件"选项，选择"持续时间"选项，在右侧界面中更改所需类型素材的默认时间长度即可，如图 1-47 所示。

图 1-47　设置持续时间的界面

1.6　上机实训——打造个性化 EDIUS 布局

下面将通过上机实训来综合练习新建工程文件和 EDIUS 7 操作界面布局等知识，本实训的效果如图 1-48 所示。

素材文件	无	效果文件	效果\第 1 章\工程文件.ezp
视频文件	视频\第 1 章\1-6.swf	操作重点	调整窗口顺序、保存自定义布局

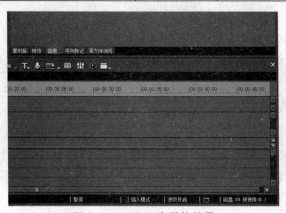

图 1-48　EDIUS 布局的效果

具体操作

1 双击桌面上的 EDIUS 7 快捷启动图标，启动 EDIUS 7 并打开"初始化工程"对话框，单击 新建工程(N) 按钮，如图 1-49 所示。

2 打开"工程设置"对话框，在"工程名称"文本框中输入"工程文件"，在"预设列表"列表框中选择第一个预设选项，单击 确定 按钮，如图 1-50 所示。

图 1-49　新建工程　　　　　　　　　　　图 1-50　设置工程名称

3 在右下角的"信息"窗口中拖动下方的"信息"选项卡到素材库窗口的"素材库"窗口左下方面板名称最后面，如图 1-51 所示。

4 此时"信息"面板将整合到素材库窗口中，继续将"信息"面板拖动到左侧"序列标记"面板上，如图 1-52 所示。

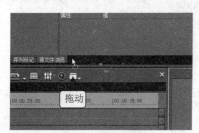 

图 1-51　整合面板　　　　　　　　　　　图 1-52　调整面板位置

5 将鼠标指针定位到时间线窗口右侧的边框上，向右拖动，增加时间线窗口的宽度，以填充"信息"面板移动后留下的空闲区域，如图 1-53 所示。

6 完成窗口布局调整后，选择【设置】/【系统设置】菜单命令，如图 1-54 所示。

图 1-53　调整时间线窗口宽度　　　　　　图 1-54　选择系统设置

7 打开"系统设置"对话框，在左侧列表框中选择"应用"子选项的"用户配置文件"选项，在右侧单击 新建配置文件 按钮，如图 1-55 所示。

8 打开"新建预设"对话框，在"名称"文本框中输入"我的预设"，单击 确定 按钮，如图 1-56 所示。

图 1-55　新建配置文件

图 1-56　输入名称

9 返回"系统设置"对话框，单击 ■确定■ 按钮，如图 1-57 所示。

10 返回操作界面，选择【设置】/【用户设置】菜单命令，如图 1-58 所示。

图 1-57　确认设置

图 1-58　选择用户设置

11 打开"用户设置"对话框，在左侧列表框中选择"应用"子选项中的"工程文件"选项，在"自动保存"栏的"文件个数"文本框中输入"5"，在"间隔"文本框中输入"10"，再选中下方的复选框，如图 1-59 所示。

12 在左侧列表框中选择"用户界面"子选项中的"窗口颜色"选项，在右侧将蓝色滑块拖动到最右侧，确认设置，如图 1-60 所示。

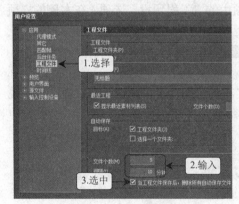

图 1-59　设置自动保存

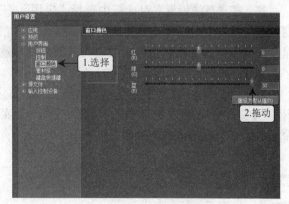

图 1-60　设置窗口颜色

13 返回操作界面，选择【视图】/【窗口布局】/【保存当前布局】/【新建】菜单命令，如图 1-61 所示。

14 打开"保存当前布局"对话框，在文本框中输入"我的布局"，单击 ■确定■ 按钮，完成操作，如图 1-62 所示。

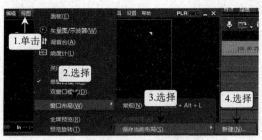
图 1-61 保存布局

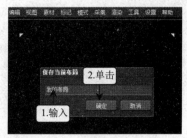
图 1-62 设置布局名称

1.7 本章小结

本章主要讲解了 EDIUS 7 的基础知识，包括 EDIUS 7 的用途与特点、新建工程文件、EDIUS 7 操作界面的组成和布局以及 EDIUS 7 常用设置操作等内容。

其中关于 EDIUS 7 的操作界面的组成和布局需要着重掌握，并适当了解和熟悉窗口与面板的管理，以及 EDIUS 7 常用设置操作。对于新建工程文件而言，本书在后面会详细讲解，这里只需了解即可。

1.8 疑难解答

1.问：如何更改用户配置文件的名称？

答：在"系统设置"对话框中选择"应用"子选项中的"用户配置文件"选项，在右侧单击 更改(M)... 按钮，打开"新建预设"对话框，在"名称"文本框中输入需要更改的名称，单击 确定 按钮即可。

2.问：如何更改工程预设文件？

答：在"系统设置"对话框中选择"应用"子选项中的"工程预设"选项，在右侧的"预设列表"列表框中选择需要更改的工程预设文件，然后在下方单击 设置(M)... 按钮，打开"工程设置"对话框，在其中的参数进行修改后单击 确定 按钮即可。

3.问：如何更改自定义布局的名称？

答：若 EDIUS 软件中存在名为"练习"的自定义布局，那么在"预览"窗口中选择【视图】/【窗口布局】/【更改布局名称】/【练习】菜单命令，打开"重命名"对话框，在其中输入名称文本后单击 确定 按钮即可。

1.9 习题

1．新建空白工程，将时间线窗口和信息窗口放置到桌面上方；素材库窗口放置到桌面左下方；预览窗口放置到桌面右下方，效果如图 1-63 所示。

2．将练习 1 中调整好的布局以"工作"名称保存。

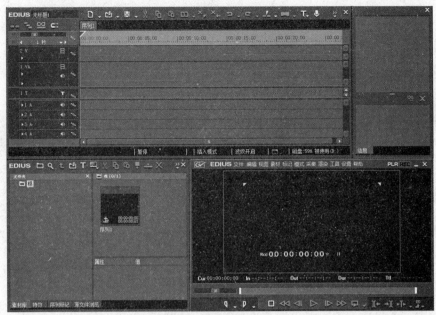

图 1-63 "工作"窗口布局

3．将操作界面主题颜色中的"红"、"绿"和"蓝"三个参数分别设置为"0"、"32"和"0"，使操作界面变为绿色，如图 1-64 所示。

图 1-64 操作界面颜色

第 2 章　EDIUS 工程文件与素材管理

EDIUS 软件生成的文件即为工程文件，所有的编辑工作都是在工程文件中进行的，它是整个视频素材的载体，而素材则是工程文件中必不可少的元素，也是编辑的主要对象。本章将全面且详细介绍在 EDIUS 中管理工程文件、采集素材和管理素材的各种操作方法。

 学习要点

➢ 掌握工程文件的新建、保存、另存、打开和退出操作
➢ 了解工程文件的导入与导出方法

2.1　管理工程文件

EDIUS 对于视频的编辑工作都是建立在工程文件的基础上，所以对工程文件的管理是使用 EDIUS 软件的基础。下面将详细介绍工程文件的新建、保存与另存、打开与退出、导入与导出等相关知识。

2.1.1　工程文件的新建

工程文件的新建是使用 EDIUS 最基础的操作之一，其中主要包括新建工程文件、新建序列和添加工程预设等内容。

1. 新建工程文件

为方便使用，EDIUS 在初始化工程时会通过向导提示来新建工程，另外也可在操作界面中新建工程文件，其方法为：选择【文件】/【新建】/【工程】菜单命令，在打开的"工程设置"对话框中进行工程名称和保存路径的设置，如图 2-1 所示。

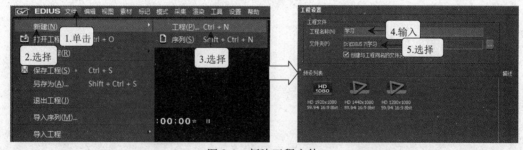

图 2-1　新建工程文件

 在"工程设置"对话框的"预设列表"栏中选择某个预设选项后，单击按钮可直接新建已预设好的工程文件。

如果需要进一步修改预设工程的参数，可在"工程设置"对话框中选中"自定义"复选框，确认设置后便可在打开的"工程设置"对话框中进行修改，如图 2-2 所示。

图 2-2　自定义工程设置参数

- **视频和音频预设**：在其下拉列表框中可分别选择视频和音频的预设选项。
- **"高级"栏**：在其中可设置帧的尺寸、速率和音频通道等参数。
- **"设置"栏**：在其中可设置渲染的格式和重采样方法等参数。

下面以新建"学习"工程文件为例，熟悉新建工程文件时的一些常用参数的设置方法。

 实例 2-1——新建"学习"工程文件

素材文件	无	效果文件	效果\第 2 章\学习.ezp
视频文件	视频\第 2 章\2-1.swf	操作重点	新建工程文件

1　在 EDIUS 7 操作界面中选择【文件】/【新建】/【工程】菜单命令，如图 2-3 所示。

2　打开"工程设置"对话框，在"工程名称"文本框中输入"学习"，单击"文件夹"文本框右侧的■按钮，在打开的"浏览文件夹"对话框中选择"桌面"选项，单击 确定 按钮，然后，选中"自定义"复选框，单击 确定 按钮，如图 2-4 所示。

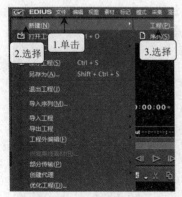

图 2-3　选择新建工程

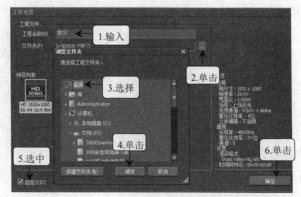

图 2-4　设置名称和保存路径

3　打开"工程设置"对话框，在"音频预设"下拉列表框中选择"48KHz/2ch"选项，在"设置"栏的"渲染格式"下拉列表框中选择"Grass Valley HQ 标准"选项，确认设置，如图 2-5 所示。

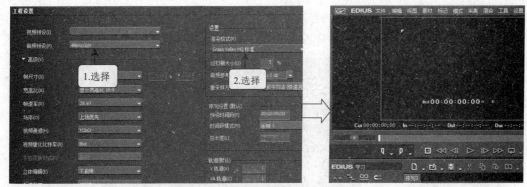

图 2-5　设置音频预设和渲染格式

2．新建序列

EDIUS 中的序列是指素材的集合，若以序列方式导入时，则导入的素材将会存在于某一个序列之中，这样便能对素材进行有效的管理。

新建序列的方法为：选择【文件】/【新建】/【序列】菜单命令或在"素材库"面板的空白区域单击鼠标右键，在弹出的快捷菜单中选择"新建序列"命令，如图 2-6 所示。

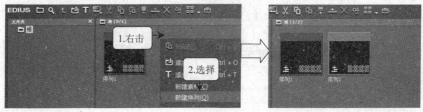

图 2-6　新建序列

3．添加工程预设

添加工程预设的方法为：选择【设置】/【系统设置】菜单命令，在"系统设置"对话框左侧展开"应用"选项，在下方选择"工程预设"选项，单击右侧的 新建预设(N)... 按钮，打开"工程设置"对话框，在其中设置工程预设的名称和各参数后确认设置，如图 2-7 所示。

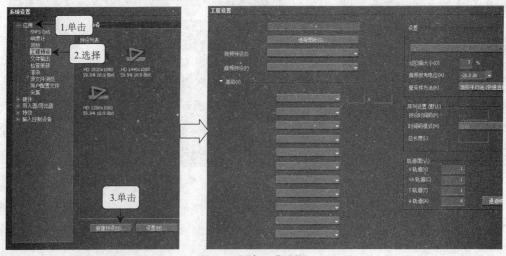

图 2-7　添加工程预设

在"工程设置"对话框中出现红色字体的参数表示该参数为必须设置的选项。

2.1.2　工程文件的保存与另存

在编辑过程中为了避免断电、死机等情况的发生造成数据丢失，还应该养成随时保存和另存工程的良好习惯。

1. 保存工程文件

启动 EDIUS 时，通过"工程初始化"对话框新建工程就会涉及保存工程的操作，因此在 EDIUS 操作界面中保存工程就显得非常方便了，执行以下任意一种操作即可。

(1) **通过菜单命令保存**：选择【文件】/【保存工程】菜单命令。

(2) **通过快捷键保存**：按【Ctrl+S】键。

2. 另存工程文件

另存工程文件的方法为：按【Ctrl+Shift+ S】键或选择【文件】/【另存为】菜单命令，打开"另存为"对话框，在其中设置保存路径和工程文件的保存名称，单击 保存(S) 按钮，如图 2-8 所示。

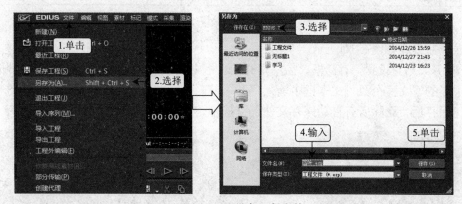

图 2-8　另存工程文件

3. 自动保存工程文件

自动保存工程文件可以在用户忘记手动保存时，按设置的时间间隔进行自动保存，以备在需要时进行数据恢复。

自动保存工程文件的方法为：在"预览"窗口中选择【设置】/【用户设置】菜单命令，打开"用户设置"对话框，在左侧的列表框中选择"工程文件"选项，在右侧的"自动保存"栏中设置相应的参数，然后单击 确定 按钮，如图 2-9 所示。

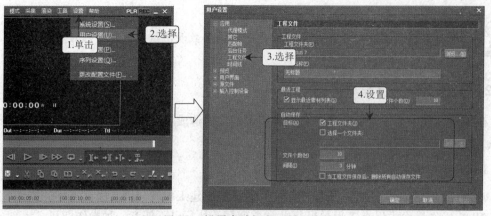

图 2-9　设置自动保存工程文件

下面以设置"落叶"文件的自动保存文件个数为"20"、间隔时间为"15"分钟，并将其另存为例，巩固文件的另存和自动保存方法。

 实例 2-2——另存"落叶"工程文件

素材文件	无	效果文件	效果\第 2 章\落叶.ezp
视频文件	视频\第 2 章\2-2.swf	操作重点	另存工程文件、自动保存工程文件

1 启动 EDIUS 7，新建一个空白的工程文件，在"预览窗口"中选择【设置】/【用户设置】菜单命令，如图 2-10 所示。

2 打开"用户设置"对话框，在左侧的列表框中选择"工程文件"选项，在右侧的"自动保存"栏的"文件个数"文本框中输入"20"，在"间隔"文本框中输入"15"，选中"当工程文件保存后，删除所有自动保存文件"复选框，单击 确定 按钮，如图 2-11 所示。

图 2-10　用户设置

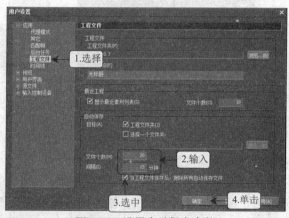

图 2-11　设置自动保存参数

3 在"预览"窗口中选择【文件】/【另存为】菜单命令，如图 2-12 所示。

4 打开"另存为"对话框，在"保存在"下拉列表框中设置保存位置为桌面，在"文件名"下拉列表框中输入"落叶"，单击 保存(S) 按钮，完成操作，如图 2-13 所示。

图 2-12　另存工程

图 2-13　设置保存位置和名称

2.1.3　工程文件的打开与退出

工程的打开与退出操作虽然简单，但却是视频编辑过程中不可缺少的操作之一，因此不仅要学会如何实现工程的打开和关闭，还要熟练使用这两种操作。

1．打开工程文件

打开工程文件的方法有如下两种。

（1）通过初始化工程对话框打开：启动软件时，在"初始化工程"对话框中单击 打开工程(P) 按钮。

（2）通过菜单命令打开：在预览窗口中选择【文件】/【打开工程】菜单命令，如图 2-14 所示。

执行以上任一操作后，都将打开"打开工程"对话框，在其中选择扩展名为".ezp"的工程文件后，单击 打开(0) 按钮即可，如图 2-15 所示。

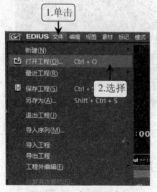

图 2-14　打开工程

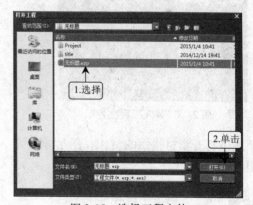

图 2-15　选择工程文件

在"初始化工程"对话框的下方列表框中或在预览窗口中选择【文件】/【最近工程】菜单命令，均可快速打开最近使用过的工程文件。

2．退出工程文件

退出工程文件是指关闭当前查看或编辑的工程但不退出 EDIUS 程序，其方法为：在预览窗口中选择【文件】/【退出工程】菜单命令，如图 2-17 所示。此时将打开"初始化工程"

对话框，在其中可选择是否新建、打开工程文件，或单击 关闭 按钮退出 EDIUS，如图 2-17 所示。

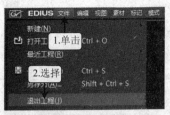

图 2-16 退出工程   图 2-17 "初始化工程"对话框

2.1.4 工程文件的导入与导出

EDIUS 7 可将工程文件导出为 AAF 文件或 EDL 文件，也可将多种格式的文件导入到 EDIUS 7 中，从而使编辑的视频能更好地在 EDIUS 和其他视频编辑软件（Premiere、After Effects 等）中交互使用，使数据的共享得以实现。

工程文件的导入和导出的方法如下。

(1) 导入工程：在预览窗口中选择【文件】/【导入工程】菜单命令，在弹出的子菜单中选择导入格式对应的命令，如图 2-18 所示，并在打开的对话框中选择文件并导入即可。

(2) 导出工程：在预览窗口中选择【文件】/【导出工程】菜单命令，在弹出的子菜单中选择导出格式对应的命令，如图 2-19 所示，并在打开的对话框中设置导出位置和名称并执行导出操作即可。

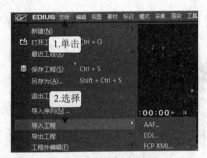

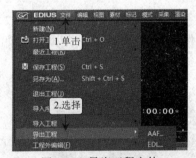

图 2-18 导入工程文件   图 2-19 导出工程文件

下面以打开素材提供的文件，然后导出为 AAF 格式文件为例，熟悉文件的打开、退出和导出方法。

 实例 2-3——导出工程文件

素材文件	素材\第 2 章\蝴蝶舞.ezp	效果文件	效果\第 2 章\蝴蝶舞.aaf
视频文件	视频\第 2 章\2-3.swf	操作重点	打开与退出工程文件、导出工程文件

1 在预览窗口中选择【文件】/【打开工程】菜单命令，如图 2-20 所示。

2 在打开的对话框的"查找范围"下拉列表框中选择素材文件所在的路径，在下方的列表框中选择"蝴蝶舞.ezp"选项，单击 打开(O) 按钮，如图 2-21 所示。

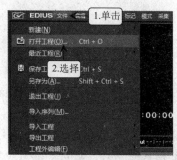

图 2-20　打开工程文件

图 2-21　选择路径和文件

3 打开工程后，选择【文件】/【导出工程】/【AAF】菜单命令，如图 2-22 所示。

4 打开"工程导出器"对话框，在"保存在"下拉列表框中选择"桌面"选项，在"文件名"下拉列表框中输入"蝴蝶舞"，单击 保存(S) 按钮，如图 2-23 所示。

图 2-22　导出工程文件

图 2-23　设置保存路径和文件名

5 开始导出工程文件并显示进度，如图 2-24 所示。

6 完成导出步骤后，在预览窗口中选择【文件】/【退出工程】菜单命令，完成操作，如图 2-25 所示。

图 2-24　导出文件进度

图 2-25　退出工程文件

2.2　采集与新建素材

在使用 EDIUS 进行非线性编辑之前，往往都需要对素材进行收集和整理，这些素材包括动态的视频素材、静态的图像素材、音频素材及各种彩条色块等图形素材。下面将介绍素材的各种采集和新建方法。

2.2.1　采集素材

EDIUS 可采集各种类型的素材，且采集的方法也根据不同的硬件设备有所不同。

1．素材类型

EDIUS 中的素材是指可导入到该软件中进行编辑的文件，其中可采集的素材主要包括视频素材、静帧素材和音频素材等多种类型。

（1）**视频素材**：指人眼所观看到的连续画面，是一种动态的影像，常见的格式有 avi、wmv、mp4、mov 等。

（2）**静帧素材**：指静态画面，也就是图像文件，常见的格式有 jpg、png、bmp、gif 等。

（3）**音频素材**：指人耳所听到的各种声音文件，常见的格式有 wav、wma、mp3、cd 等。

2．采集磁带式录像机的素材

由于磁带上拍摄的素材不能直接被 EDIUS 识别，所以需要通过采集卡将其转换为 EDIUS 识别的数字文件，这样才能进行后期编辑操作。

采集素材时，除了配备 IEEE 1394 端口的采集卡和数据线之外，还需要进行设备预设设置，以便成功采集到磁带上的素材。

下面以安装好采集卡并正确连接数据线为例，介绍磁带式录像机素材采集的方法。

 实例 2-4——采集磁带上的素材

素材文件	无	效果文件	无
视频文件	视频\第 2 章\2-4.swf	操作重点	采集磁带式录像机的素材

1 将摄像机通过数据线正确与采集卡的端口相连，将其调整到"播放/编辑"模式。

2 在预览窗口中选择【设置】/【系统设置】菜单命令，如图 2-26 所示。

3 打开"系统设置"对话框，在左侧的列表框中展开"硬件"目录，选择其下的"设备预设"选项，然后单击对话框下方的 新建(N)... 按钮，如图 2-27 所示。

图 2-26 系统设置

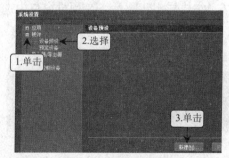

图 2-27 新建设备预设

4 打开"预设向导"对话框，在"名称"文本框中输入"DV 采集"，单击下方的 选择图标(C)... 按钮，如图 2-28 所示。

5 打开"图标选择"对话框，在下方的列表框中选择如图 2-29 所示的 DV 图标选项，然后确认设置。

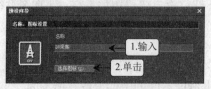

图 2-28 设置名称

图 2-29 选择图标

6 返回"预设向导"对话框，单击 下一步(N) 按钮，如图 2-30 所示。

7 在打开的对话框中根据摄像机设备来设置接口、视频格式、文件格式，然后单击 下一步(N) 按钮，如图 2-31 所示。

图 2-30　继续设置

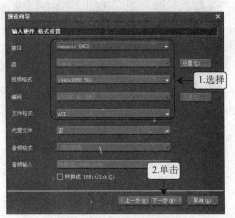

图 2-31　设置输入格式

8 在打开对话框的"接口"下拉列表框中选择"没有选择"选项，单击 下一步(N) 按钮，如图 2-32 所示。

9 打开显示设置参数的对话框，确认无误后单击 下一步(N) 按钮，如图 2-33 所示。

图 2-32　设置输出格式

图 2-33　完成设置

10 单击 完成(C) 按钮，返回"系统设置"对话框，此时将显示设置的图标采集选项，单击 确定 按钮，如图 2-34 所示。

11 在预览窗口中选择【采集】/【选择输入设备】菜单命令，如图 2-35 所示。

图 2-34　确认设置

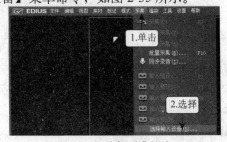

图 2-35　选择采集设备

打开"选择输入设备"对话框，在其中选择创建的"DV 采集"选项，单击 确定 按钮，如图 2-36 所示。

打开"卷号"对话框，直接单击 ▊确定▊ 按钮，如图 2-37 所示，即可在打开的"采集"对话框中采集素材了。

图 2-36　选择输入设备

图 2-37　设置卷号

3. 导入硬盘式、闪存式摄像机的素材

现在大多数摄像机都是采用硬盘式或闪存式存储方式，导入这类设备的素材不仅非常方便，而且耗时较短。

导入硬盘式或闪存式摄像机素材的方法为：将 USB 数据线正确与摄像机和电脑主机相连，开启摄像机，待系统正确找到并安装该设备的驱动后，在"我的电脑"窗口中打开该设备所在的文件夹，并将需要导入的素材复制粘贴到电脑的硬盘上，此后只需按后面将要介绍的"导入电脑上已有的素材"方法将素材导入到 EDIUS 中即可，如图 2-38 所示。

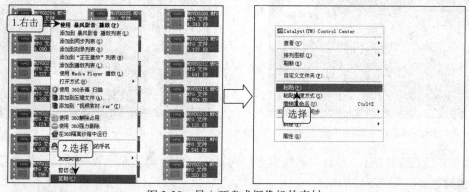

图 2-38　导入硬盘式摄像机的素材

4. 采集光盘上的素材

对于 DVD 或 CD 光盘而言，可利用 EDIUS 的"源文件浏览"面板轻松采集其中的素材，其方法为：将 DVD 光盘放入光驱，单击素材库窗口左下方的"源文件浏览"面板选项卡，在"文件夹"列表框中选择 DVD 光盘对应的选项，此时 EDIUS 将自动读取光盘中的内容并显示在右侧的列表框中，在其中选择需采集的素材选项，单击上方的"添加并传输到素材库"按钮▊，如图 2-39 所示。

5. 导入电脑中已有的素材

导入电脑中已有素材的方法为：切换到"素材库"面板，在右侧列表框的空白区域单击鼠标右键，在弹出的快捷菜单中选择"添加文件"命令，打开"打开"对话框，在其中选择需添加的多个素材，单击 打开(O) 按钮，如图 2-40 所示。

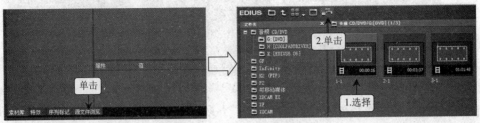

图 2-39　采集光盘上的素材

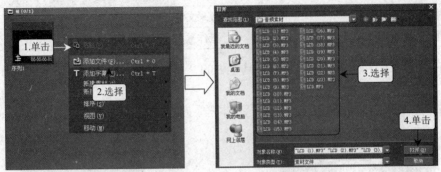

图 2-40　导入电脑中已有的素材

2.2.2　新建素材

在 EDIUS 7 中可根据需要创建素材，其中包括创建彩条素材和色块素材。

1. 新建彩条素材

彩条是指类似电视节目处于检修期的图像效果。EDIUS 自带有多种彩条样式，方便在需要时快速创建使用

新建彩条素材的方法为：切换到"素材库"面板，单击上方工具栏中的"新建素材"按钮，在弹出的下拉菜单中选择"彩条"命令，然后在"彩条"对话框中设置类型和基准音，单击 确定 按钮，如图 2-41 所示。

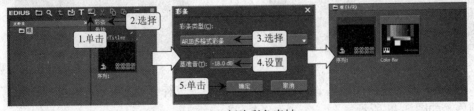

图 2-41　新建彩条素材

2. 新建色块素材

色块素材适用于自定义视频背景，新建色块素材的方法为：单击上方工具栏中的"新建素材"按钮，在弹出的下拉菜单中选择"彩条"命令，或在"素材库"面板右上方的空白区域单击鼠标右键，在弹出的快捷菜单中选择【新建素材】/【色块】命令，在打开的"色块"对话框中进行相应的颜色设置即可，如图 2-42 所示。

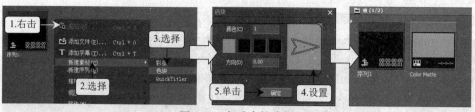

图 2-42　新建色块素材

下面以新建 4 种渐变颜色的色块素材为例，介绍渐变色块素材的创建方法。

 实例 2-5——新建渐变色块素材

素材文件	无	效果文件	无
视频文件	视频\第 2 章\2-5.swf	操作重点	新建色块素材

1　在"素材库"面板中单击上方工具栏中的"新建素材"按钮 ，在弹出的下拉菜单中选择"色块"命令，如图 2-43 所示。

2　打开"色块"对话框，单击"颜色"文本框下方的第 1 个"黑色"色块，如图 2-44 所示。

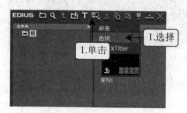

图 2-43　新建色块

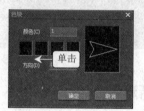

图 2-44　设置颜色

3　打开"色块选择"对话框，单击右侧预设的"深蓝色"色块，确认设置，如图 2-45 所示。

4　返回"色块"对话框，继续单击"颜色"文本框下方的第 2 个"黑色"色块，如图 2-46 所示。

5　打开"色块选择"对话框，单击右侧预设的"深蓝色"色块下方的色块，确认设置，如图 2-47 所示。

图 2-45　选择颜色

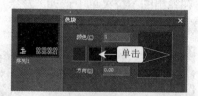

图 2-46　设置颜色

6　按相同方法继续设置第 3 个和第 4 个色块为"深蓝色"色块下方的第 3 个和第 4 个色块颜色，如图 2-48 所示。

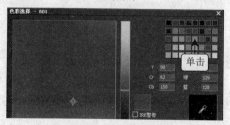

图 2-47　选择颜色

图 2-48　设置颜色

7　在"颜色"文本框中输入"4"，表示应用 4 种渐变颜色，并在"方向"文本框中输入"–45"，单击 确定 按钮，完成渐变色块的新建，如图 2-49 所示。

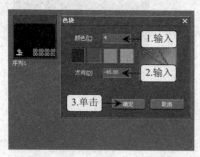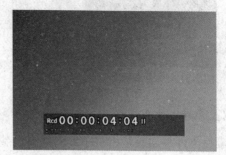

图 2-49　设置渐变颜色和方向

2.3　管理素材

管理素材是指对导入到 EDIUS 中的素材进行各种整理操作，包括对素材文件夹的创建、调整，以及选中、删除、重命名、调整、剪切、复制和搜索素材等。

2.3.1　素材文件夹的管理

素材文件夹是指在 EDIUS 7 的素材库窗口中以存放导入的素材为目的而存在的文件夹，对其管理的操作包括创建、调整、重命名以及删除等操作。

1. 创建素材文件夹

导入到 EDIUS 中的素材默认存放在"素材库"面板中的"根"文件夹中，为了便于对素材更好地管理，EDIUS 允许创建新的文件夹来存放素材。

创建素材文件夹的方法为：在"素材库"面板左侧"文件夹"列表框的空白区域单击鼠标右键，在弹出的快捷菜单中选择"新建文件夹"命令，然后输入文件夹名称，如图 2-50 所示。

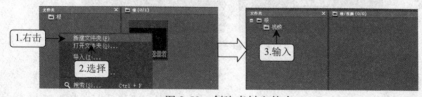

图 2-50　创建素材文件夹

创建的素材文件夹分为以下两种类型。

（1）**同级素材文件夹**：选中需要同级文件夹的上一级文件夹选项后，在空白区域创建的文件夹即为同级文件夹，如图 2-51 所示为选中"根"文件夹后，创建与"视频"文件夹同级的"图片"文件夹。

（2）**子级素材文件夹**：选中某个文件夹选项后，创建的文件夹便属于被选中文件夹的子级文件夹，如图 2-52 所示为在"视频"文件夹中创建的"图片"子文件夹。

图 2-51　同级素材文件夹

图 2-52　子级素材文件夹

2．调整素材文件夹层级

调整素材文件夹层级是指将子级文件夹调整为同级文件夹，或将同级文件夹调整为子级文件夹。

其调整方法为：拖动需要改变层级的文件夹选项到某一文件夹选项上，则被拖动的文件夹将会成为目标文件夹的子级文件夹，如图 2-53 所示。

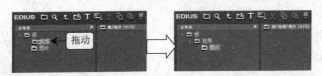
图 2-53　调整素材文件夹层级

3．重命名素材文件夹

重命名素材文件夹的方法为：在"素材库"面板的"文件夹"列表框中选择某个文件夹选项后，在其上单击鼠标右键，在弹出的快捷菜单中选择"重命名"命令，然后输入新的名称按【Enter】键确认，如图 2-54 所示。

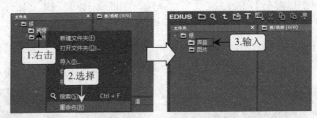
图 2-54　重命名素材文件夹

4．删除素材文件夹

删除素材文件夹的方法为：在"素材库"面板的"文件夹"列表框中选择某个文件夹选项后，在其上单击鼠标右键，在弹出的快捷菜单中选择"删除"命令，然后在打开的"EDIUS"对话框中单击 是(Y) 按钮，如图 2-55 所示。

图 2-55　删除素材文件夹

创建子文件夹后，上层文件夹左侧将出现"收缩"标记，单击该标记，子文件夹将收缩到上层文件夹中，且"收缩"标记变为"展开"标记，此时，单击"展开"标记，又将重新显示该文件夹中包含的所有子文件夹。

下面以完善素材提供的工程中素材文件夹的结构为例，熟悉素材文件夹的管理方法。

实例 2-6——完善素材文件夹结构

素材文件	素材\第 2 章\素材文件夹.ezp	效果文件	效果\第 2 章\素材文件夹.ezp
视频文件	视频\第 2 章\2-6.swf	操作重点	调整素材文件夹层级、删除素材文件夹等

1　打开素材提供的"素材文件夹.ezp"工程，在"素材库"面板左侧的"文件夹"列表框中选择"新建文件夹"文件夹选项，在其上单击鼠标右键，在弹出的快捷菜单中选择"重命名"命令，如图 2-56 所示。

2　输入"视频 3"文本，按【Enter】键确认输入，如图 2-57 所示。

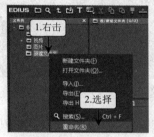
图 2-56　选择重命名

图 2-57　输入文本

3　拖动"视频 3"文件夹选项到"视频"文件夹选项上释放鼠标，如图 2-58 所示。

4　展开"视频"文件夹选项以显示其包含的所有子文件夹，在其中选择"视频 4"文件夹选项，单击鼠标右键，在弹出的快捷菜单中选择"删除"命令，如图 2-59 所示。

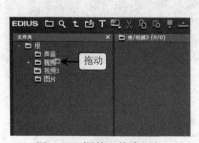
图 2-58　调整文件夹层级

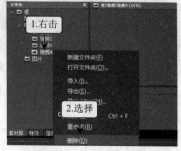
图 2-59　删除文件夹

5　打开"EDIUS"对话框，单击 是(Y) 按钮，如图 2-60 所示。

图 2-60　确认删除

2.3.2 素材的选中与删除

将素材导入到素材库后，首先应掌握素材的选中与删除方法，以便对素材进行各种管理和整理操作。特别是素材较多时，选中需要的素材或删除无用的素材显得尤为重要。

1. 选中素材

选中素材有选中单个素材、选中连续的多个素材、选中不连续的多个素材以及选中所有素材 4 种方式。

（1）**选中单个素材**：在"素材库"面板的某一个素材上直接单击鼠标左键，如图 2-61 所示。

（2）**选中连续的多个素材**：选中一个素材后，按住【Shift】键不放，单击另一个素材的缩略图，可同时选中所选两个缩略图及其之间相邻的多个素材，如图 2-62 所示。

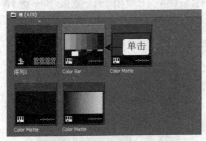
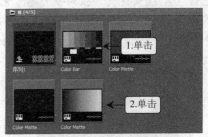

图 2-61　选中单个素材　　　　　　　　图 2-62　选中连续的多个素材

（3）**选中不连续的多个素材**：按住【Ctrl】键不放，依次单击所需素材的缩略图，可同时选中多个相邻或不相邻的素材，如图 2-63 所示。

（4）**选中所有素材**：选中一个或多个素材时，按【Ctrl+A】键即可，如图 2-64 所示。

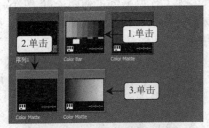
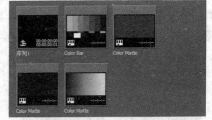

图 2-63　选中连续的多个素材　　　　　　图 2-64　选中所有素材

2. 删除素材

删除素材的方法有以下几种。

（1）**按快捷键**：选中需要删除的素材，按【Delete】键。

（2）**单击删除按钮**：在"素材库"面板中选中需要删除的素材，单击上方工具栏中的"删除"按钮▧，如图 2-65 所示。

（3）**选择快捷菜单**：选中需要删除的素材，在其上单击鼠标右键，在弹出的快捷菜单中选择"删除"命令，如图 2-66 所示。

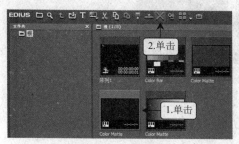

图 2-65　单击删除按钮

图 2-66　选择快捷菜单

2.3.3　素材的重命名与调整

当素材库中存在的素材较多时，可通过重命名素材的方法快速查找需要的素材。同时，EDIUS 也允许根据使用习惯来改变素材库中各素材的位置。

1.重命名素材

在"素材库"面板中的素材缩略图上单击鼠标右键，在弹出的快捷菜单中选择"重命名"命令，输入需要的名称后按【Enter】键确认命名即可，如图 2-67 所示。

图 2-67　重命名素材

2.调整素材位置

拖动素材缩略图至目标位置，当出现白色的插入光标时，释放鼠标即可将所选素材移动到插入光标处即可，如图 2-68 所示。

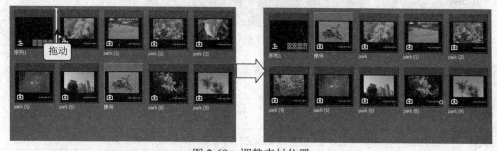

图 2-68　调整素材位置

3.设置素材显示方式

在"素材库"面板上方工具栏中单击"视图"按钮，在弹出的下拉菜单中选择相应的显示方式即可，如图 2-69 所示。

图 2-69　设置素材显示方式

EDIUS 提供了 6 种素材的显示方式，系统默认为"缩略图（大）"的显示方式，其中部分显示方式的特点分别如下。

（1）**缩略图（排列）**：此方式适合需要查看素材内容、素材量较多，且不需要查看素材名称的情况下使用，如图 2-70 所示。

（2）**详细文本（小）**：此方式同样可显示素材内容、名称、颜色、类型、持续时间以及大小等多种属性，但由于缩小了素材显示内容，因此显示的数量更多一些，如图 2-71 所示。

图 2-70　"缩略图（排列）"显示方式

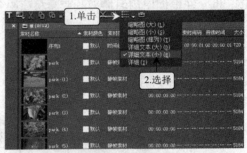

图 2-71　"详细文本（小）"显示方式

（3）**详细**：此方式不会显示素材内容，但可以显示素材的名称、颜色、类型等其他属性，显示的数量也更多，如图 2-72 所示。

图 2-72　"详细"显示方式

下面以重命名素材并调整其位置为例，熟悉素材的管理方法。

 实例 2-7——调整素材

素材文件	素材\第 2 章\调整素材.ezp	效果文件	效果\第 2 章\调整素材.ezp
视频文件	视频\第 2 章\2-7.swf	操作重点	重命名素材、调整素材位置、设置显示方式

1　打开素材提供的"调整素材.ezp"工程，单击"素材库"面板中的"Color Matte"素材缩略图，如图 2-73 所示。

2　单击鼠标右键，在弹出的快捷菜单中选择"重命名"命令，如图 2-74 所示。

图 2-73　选中素材

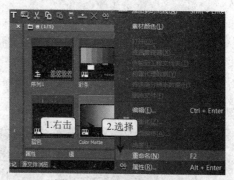

图 2-74　重命名素材

3　输入"渐变"文本后按【Enter】键，如图 2-75 所示。

4　拖动"渐变"素材缩略图到"蓝色"素材缩略图前面，当出现白色的插入光标时释放鼠标，如图 2-76 所示。

图 2-75　输入名称

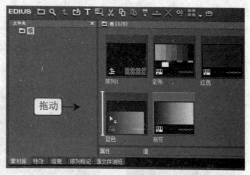

图 2-76　调整位置

5　在上方的工具栏中单击"视图"按钮 ，在弹出的下拉菜单中选择"详细文本（小）"选项，最终效果如图 2-77 所示。

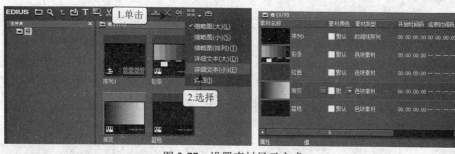

图 2-77　设置素材显示方式

2.3.4　素材的剪切与复制

素材的剪切与复制在素材的管理中也会经常使用，是基本的素材管理操作，用户应该熟悉并掌握其操作方法。

1. 剪切素材

当"素材库"面板中存在多个素材文件夹时，移动素材从一个文件夹到另一个文件夹就会涉及素材的剪切操作。

把剪切的素材移动粘贴到另一位置可通过以下两种方法实现。

(1) 通过单击按钮移动：在"素材库"面板中选中某一个素材缩略图，单击上方工具栏中的"剪切"按钮，然后在左侧的"文件夹"列表框中选择目标位置，再单击工具栏中的"粘贴"按钮，如图 2-78 所示。

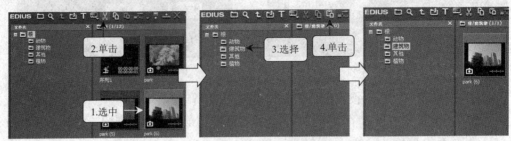

图 2-78　利用工具按钮剪切素材的过程

(2) 通过选择命令移动：在素材缩略图上单击鼠标右键，在弹出的快捷菜单中选择"剪切"命令，然后选择目标位置，在其空白区域单击鼠标右键，在弹出的快捷菜单中选择"粘贴"命令，如图 2-79 所示。

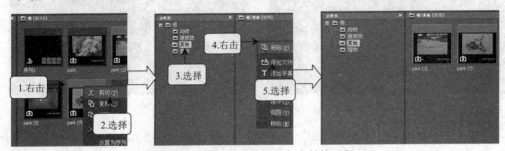

图 2-79　利用右键菜单剪切素材的过程

2．复制素材

复制素材可以将素材移到其他文件夹的同时，在源文件夹中保留该素材，以便进行数据的备份或进行其他后期编辑操作。

复制素材可通过以下两种方法实现。

(1) 通过单击按钮复制：在"素材库"面板中选中某一个素材缩略图，单击上方工具栏中的"复制"按钮，然后在左侧的"文件夹"列表框中选择目标位置，再单击工具栏中的"粘贴"按钮，如图 2-80 所示。

图 2-80　利用工具按钮复制素材的过程

(2) 通过选择命令复制：在素材缩略图上单击鼠标右键，在弹出的快捷菜单中选择"复制"命令，然后选择目标位置，在其空白区域单击鼠标右键，在弹出的快捷菜单中选择"粘

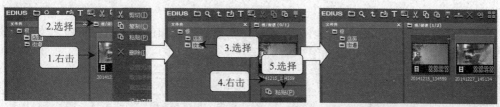

贴"命令，如图 2-81 所示。

图 2-81　利用右键菜单复制素材的过程

2.3.5　素材的搜索

如果素材数量较多，当需要使用其中指定的素材时，可通过搜索方式来快速定位。

1．简单搜索

简单搜索的方法为：在素材库窗口的上方工具栏中单击"搜索"按钮，打开"素材库搜索"对话框，在"类型"下拉列表框中选择搜索的类型，在"文本"文本框中输入搜索的条件，依次单击 添加 按钮和 关闭 按钮。此时在素材库面板中会出现符合搜索条件的素材，在左侧"文件夹"列表框中会自动创建"搜索结果"文件夹，如图 2-82 所示。

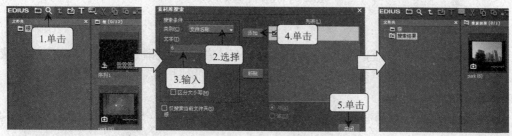

图 2-82　简单搜索素材

2．多条件搜索

为了更有效地搜索到所需的素材，EDIUS 提供了多条件搜索的功能，可通过设置多个搜索条件来约束搜索，从而使搜索结果更为准确。

多条件搜索的方法为：在"素材库搜索"对话框中添加两个或两个以上的搜索条件后，选中"列表"列表框下方的"与"或"或"单选项，以控制搜索的约束条件，最后单击 关闭 按钮，如图 2-83 所示。

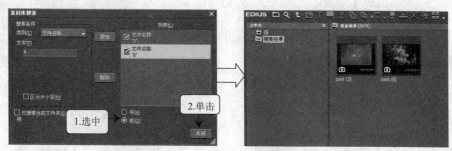

图 2-83　多条件搜索素材

2.4 上机实训——导入并管理各种素材

下面将通过上机实训来综合练习导入素材、新建文件夹和色块素材、重命名文件夹以及复制素材等知识，本实训的效果如图 2-84 所示。

素材文件	素材\第 2 章\素材管理.ezp	效果文件	效果\第 2 章\素材管理.ezp
视频文件	视频\第 2 章\2-8.swf	操作重点	导入素材、新建素材、调整素材位置等

图 2-84 素材管理的效果

具体操作

1 打开素材提供的"素材管理.ezp"工程，在"素材库"面板中选中"色块"文件夹，然后在上方工具栏中单击"新建素材"按钮，在弹出的快捷菜单中选择"色块"命令，如图 2-85 所示。

2 打开"色块"对话框，单击"颜色"文本框下方的第 1 个"黑色"色块，如图 2-86 所示。

3 打开"色彩选择"对话框，单击右侧预设的"白色"色块，再单击 确定 按钮，如图 2-87 所示。

图 2-85 新建色块

图 2-86 设置颜色

4 返回"色块"对话框，单击 确定 按钮，如图 2-88 所示。

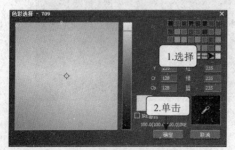

图 2-87 选择颜色

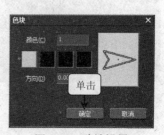

图 2-88 确认设置

5 在刚创建的色块缩略图上单击鼠标右键，在弹出的快捷菜单中选择"重命名"命令，如图 2-89 所示。

6 输入"白色背景"文本后按【Enter】键，如图 2-90 所示。

图 2-89　选择重命名

图 2-90　输入文本

7 选择"根"文件夹，并在其上单击鼠标右键，在弹出的快捷菜单中选择"新建文件夹"命令，如图 2-91 所示。

8 输入"古镇"文本，在右侧空白区域单击鼠标右键，在弹出的快捷菜单中选择"添加文件"命令，如图 2-92 所示。

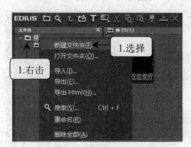

图 2-91　新建文件夹

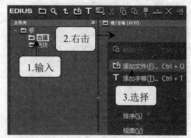

图 2-92　输入文本、添加文件

9 打开"打开"对话框，在"查找范围"下拉列表框中选择素材所在的路径，在下方列表框中选择"木屋.mp4"选项，单击 打开(O) 按钮，如图 2-93 所示。

10 按相同方法导入素材提供的"老房子.mp4"视频文件到"古镇"文件夹中，如图 2-94 所示。

图 2-93　选择路径和文件

图 2-94　导入电脑中已有的素材

11 在"文件夹"列表框中选择"色块"文件夹，然后在"白色背景"素材缩略图上单

击鼠标右键，在弹出的快捷菜单中选择"复制"命令，如图 2-95 所示。

12 在"文件夹"列表框中选择"古镇"文件夹，然后在右侧空白区域单击鼠标右键，在弹出的快捷菜单中选择"粘贴"命令，如图 2-96 所示。

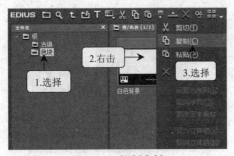

图 2-95　复制素材

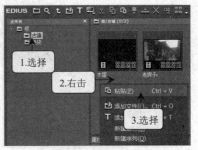

图 2-96　粘贴素材

13 在上方工具栏中单击"视图"按钮，在弹出的下拉菜单中选择"详细文本（大）"命令，如图 2-97 所示。

14 在下方列表框中拖动"白色背景"素材缩略图到"木屋"素材缩略图的上方，当出现白色插入光标时，释放鼠标，如图 2-98 所示。

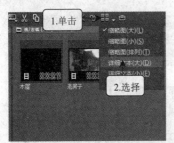

图 2-97　设置素材显示方式

图 2-98　调整素材位置

15 在预览窗口中选择【文件】/【另存为】菜单命令，如图 2-99 所示。

16 打开"另存为"对话框，在"保存在"下拉列表框中选择保存路径，在"文件名"下拉列表框中输入"素材管理"，在"保存类型"下拉列表框中选择"工程文件（*.ezp）"选项，单击 保存(S) 按钮，如图 2-100 所示。

图 2-99　选择另存为

图 2-100　设置保存路径、文件名等

17 在预览窗口中单击"退出"按钮，完成所有操作，如图 2-101 所示。

图 2-101　退出工程文件

2.5　本章小结

　　本章主要讲解了工程文件和素材的新建、管理方法，包括工程文件的新建、保存与另存、打开与退出，素材的采集与新建、素材文件夹的管理、素材的选中与删除、重命名与调整、剪切与复制以及搜索等方法。

　　其中关于工程文件的新建、保存与另存、打开与退出需要熟悉，并着重掌握素材的采集与新建、素材文件夹的管理方法，特别是素材的选中与删除、重命名与调整、剪切与复制以及搜索等操作是素材管理的主要学习内容。

2.6　疑难解答

　　1. 问：怎么将自动保存的工程文件存放在电脑磁盘的其他位置？

　　答：在"用户设置"对话框中的左侧列表框中选择"工程文件"选项，在右侧"自动保存"栏中选中"选择一个文件夹"复选框，此时可单击 浏览…(B) 按钮，在打开的"浏览文件夹"对话框中选择保存的文件目录即可。

　　2. 问：在素材面板中删除"搜索结果"文件夹中的素材会有什么结果？

　　答：删除"搜索结果"文件夹中的素材后，只是删除了该文件夹中的素材，原导入到其他文件夹中的素材不会发生任何变化。

　　3. 问：如何更改已有的工程预设？

　　答：在"系统设置"对话框中，选择"应用"子选项中的"工程预设"选项，在右侧"预设列表"栏中选择已有的工程预设，然后单击下方的 设置(M)… 按钮，在打开的"工程设置"对话框中可对其进行更改。

　　4. 问：第一次启动创建了工程预设后，如何再次打开"创建工程预设"对话框来更改已设置的工程预设？

　　答：在"系统设置"对话框中，选择"应用"子选项中的"工程预设"选项，在右侧单击 预设向导(W)… 按钮，便可打开"创建工程预设"对话框，在其中可更改已设置好的工程预设。

2.7　习题

　　1. 在"素材库"面板中导入提供的素材（素材\第 2 章\课后练习\气球.mpg）。

2．在上题的基础上，将导入的素材复制粘贴一份，并将粘贴后的素材重命名为"彩球"，如图 2-102 所示，然后将其保存为"球.ezp"工程（效果\第 2 章\课后练习\球.ezp）。

3．新建工程文件，在"素材库"面板中创建如图 2-103 所示的文件夹结构。

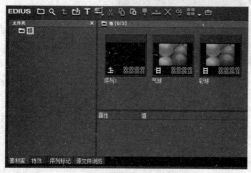 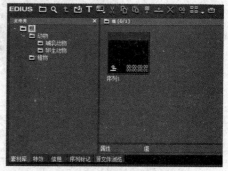

图 2-102 重命名素材   图 2-103 创建的文件夹效果

第3章 素材的编辑

素材编辑工作是视频后期制作最为重要的环节之一，在 EDIUS 中对素材的编辑工作可在预览窗口和时间线窗口中进行，其中，在预览窗口中可预览素材并设置需要的内容片段，在时间线窗口中则可进行各种视频编辑工作。本章将重点介绍利用 EDIUS 对素材进行编辑的方法。

 学习要点

➤ 掌握通过预览窗口编辑素材的方法
➤ 掌握通过时间线窗口编辑素材的各种操作

3.1 通过预览窗口编辑素材

预览窗口是素材编辑的重要工具，通过它不仅可以预览素材内容，而且还能通过设置入点和出点来截取添加到时间线上的部分素材。

3.1.1 添加素材

添加素材是指将素材直接添加到预览窗口中，而不是添加到素材库面板。通过预览窗口预览素材并确定需要使用到的素材内容，以便将其添加到时间线上。

1. 将素材添加到预览窗口

在预览窗口上方的菜单栏中选择【文件】/【添加素材】菜单命令，打开"添加素材"对话框，在其中选择素材的保存路径，再选择需要添加的素材文件，单击 打开(Q) 按钮即可将素材添加到预览窗口，如图 3-1 所示。

图 3-1 将素材添加到预览窗口

 在"素材库"面板中的素材缩略图上双击鼠标，可将素材库中的素材快速添加到预览窗口。

2．预览素材内容

在预览窗口中可通过下方工具栏中的按钮对素材进行预览播放，下面重点介绍部分常用按钮的使用方法。

（1）**播放和暂停播放**：单击"播放"按钮▷可浏览素材内容，如图 3-2 所示；单击"停止"按钮□可停止素材的播放状态，如图 3-3 所示。

图 3-2　播放素材　　　　　　　　　　　　　　图 3-3　停止播放素材

（2）**快进和快退**：单击"快进"按钮▷▷可加快浏览素材的速度，如图 3-4 所示；单击左侧的"快退"按钮◁◁可按相反方向浏览素材，即达到快退的效果，如图 3-5 所示。

图 3-4　快进播放素材　　　　　　　　　　　　图 3-5　快退播放素材

（3）**上一帧和下一帧**：单击"上一帧"按钮◁|可将预览的影像定位到上一帧画面，如图 3-6 所示；单击"下一帧"按钮|▷可将预览的影像定位到下一帧画面，如图 3-7 所示。

图 3-6　定位到上一帧　　　　　　　　　　　　图 3-7　定位到下一帧

帧指的是影像中最小单位的单幅影像画面，一帧就是一副静止的画面，连续的帧就形成了影像动画。

TIPS▶

（4）**循环和定位素材**：单击"循环"按钮▱可将影像在一定范围内重复播放，如图 3-8

所示；拖动其上方的预览滑块▽，可将素材定位到任意帧上，如图 3-9 所示。

图 3-8 循环播放素材

图 3-9 拖动滑块定位素材

3.1.2 设置入点和出点

当添加到预览窗口的素材中含有大量无用的内容时，可通过设置入点和出点的方法来解决此问题。入点即所需素材的起始点，出点为所需素材的结束点。

1. 添加入点和出点

拖动预览窗口下方工具栏中的预览滑块▽到目标位置，单击"设置入点"按钮，可添加入点，如图 3-10 所示；拖动预览滑块▽到目标位置，单击"设置出点"按钮，可添加出点，如图 3-11 所示。

图 3-10 添加入点

图 3-11 添加出点

2. 调整入点和出点的位置

添加入点和出点后，可根据需要随时调整两点的位置，其方法分别如下。

（1）调整入点位置：将鼠标指针移到"播放进度条"的入点位置，当鼠标指针变为状态时，使用鼠标拖动该点到目标位置即可，如图 3-12 所示。

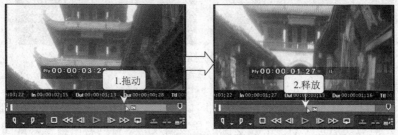

图 3-12 调整入点位置

(2) 调整出点位置：将鼠标指针移到"播放进度条"的出点位置，当鼠标指针变为 状态时，使用鼠标拖动该点到目标位置即可，如图 3-13 所示。

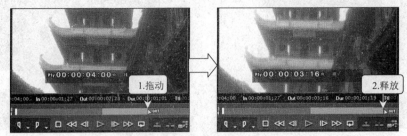

图 3-13　调整出点位置

3．将截取的素材添加到时间线

确定好需要的素材内容后，便可将其从预览窗口添加到时间线窗口中，以便对素材进行编辑操作。可通过单击预览窗口下方工具栏中的"插入到时间线"按钮 或"覆盖到时间线"按钮 将素材添加到时间线，如图 3-14 所示。

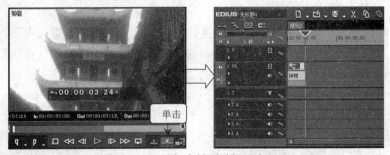

图 3-14　添加素材到时间线窗口

"插入到时间线"按钮 和"覆盖到时间线"按钮 的作用有所不同，可根据需要选择使用，其区别分别如下。

(1)"插入到时间线"按钮：当时间线窗口中已有其他素材内容，并且其上方的时间线滑块 位于该素材范围内时，单击"插入到时间线"按钮 ，则所选素材将直接添加到时间线滑块处，而时间线窗口中原有素材将在添加处自动剪切为两段，如图 3-15 所示。

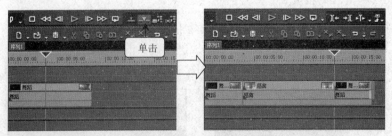

图 3-15　将素材插入到时间线

(2)"覆盖到时间线"按钮：当时间线窗口中已有其他素材内容，并且其上方的时间线滑块 位于该素材范围内时，单击"覆盖到时间线"按钮 ，此时同样会剪切时间线窗口中原有的素材，但剪切后位于右侧的素材部分将被插入的素材内容所覆盖，如图 3-16 所示。

图 3-16　将素材覆盖到时间线

4．删除入点和出点

在预览窗口下方工具栏中单击"设置入点"按钮 右侧的下拉按钮 ，在弹出的下拉菜单中选择"清除入点"命令，可删除入点，如图 3-17 所示；单击"设置出点"按钮 右侧的下拉按钮 ，在弹出的下拉菜单中选择"清除出点"命令，则可删除出点，如图 3-18 所示。

图 3-17　删除入点

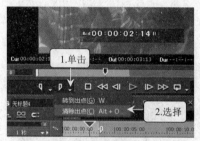

图 3-18　删除出点

下面以截取素材提供的视频文件为例，熟悉添加素材、设置入点与出点和将截取的素材添加到时间线的方法。

 实例 3-1——截取视频文件绘制首饰轮廓

素材文件	素材\第 3 章\木屋.mp4	效果文件	效果\第 3 章\截取视频.ezp
视频文件	视频\第 3 章\3-1.swf	操作重点	添加素材、设置入点和出点、添加到时间线

1 启动 EDIUS 7，新建一个空白工程，在预览窗口上方的菜单栏中选择【文件】/【添加素材】菜单命令，如图 3-19 所示。

2 打开"添加素材"对话框，在"查找范围"下拉列表框中选择素材所保存的路径，在下方列表框中选择"木屋"素材选项，然后单击 打开(0) 按钮，如图 3-20 所示。

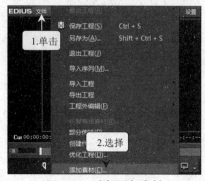

图 3-19　选择添加素材

图 3-20　选择路径和素材选项

3 在预览窗口下方工具栏中拖动预览滑块 到 2 秒的位置，然后单击"设置入点"按钮 ，如图 3-21 所示。

4 继续拖动预览滑块 到 6 秒的位置，然后单击"设置出点"按钮 ，如图 3-22 所示。

图 3-21　设置入点位置

图 3-22　设置出点位置

5 在预览窗口下方工具栏中单击"插入到时间线"按钮 ，如图 3-23 所示。

6 将截取的素材添加到时间线窗口后的效果如图 3-24 所示。

图 3-23　将素材添加到时间线

图 3-24　时间线窗口的效果

3.1.3　获取静帧素材

静帧素材即图像素材，EDIUS 7 允许通过视频素材来捕捉其中的某一帧影像，从而得到相应的图像素材。

当素材在预览窗口中播放时，在工具栏中单击"停止"按钮 使画面静止，也可在视频停止状态拖动滑块至需要捕捉的画面位置，然后选择【素材】/【创建静帧】菜单命令，即可在"素材库"面板中创建对应的静帧素材，如图 3-25 所示。

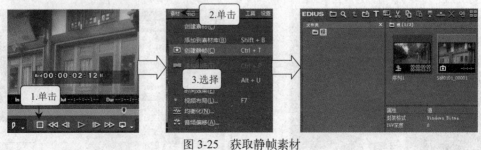
图 3-25　获取静帧素材

3.2 通过时间线窗口编辑素材

在时间线窗口中可对素材进行更为丰富的编辑操作。时间线窗口的界面分为"轨道"面板和时间线两部分,下面详细讲解在时间线中编辑素材的各种方法。

3.2.1 轨道面板的应用

"轨道"面板位于时间线窗口的左侧,主要用于管理时间线上的素材,其常用操作包括调整轨道显示时间长度、添加轨道、复制与移动轨道和删除轨道等。

1. 调整轨道显示时间长度

由于不同素材的时间长度各不相同,在进行编辑时会遇到时间线轨道无法显示完整的素材或素材显示过小不便于编辑的情况。为了解决这一问题,EDIUS 允许在素材编辑时,随时调整时间线刻度的显示单位,以便更好地进行非线性编辑操作。

调整轨道显示时间长度可在"轨道"面板中通过以下两种方法实现。

(1) 通过单击"显示单位"按钮组调整:在"轨道"面板上方的"显示单位"按钮组 ◀ 1秒 ▼▶ 中可调整轨道显示时间长度,其中◀和▶按钮分别为依次减小和增大显示时间长度,而单击右侧的下拉按钮▼,可在弹出的下拉列表中快速选择某一个适合的时间单位,如图 3-26 所示。

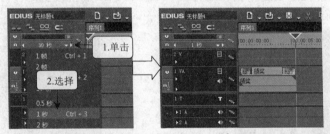

图 3-26 选择轨道显示时间

(2) 通过拖动"显示单位"滑块调整:拖动"轨道"面板上方的"显示单位"滑块 ⬛⬛⬛⬛Ⅲ 可直观调整轨道的显示时间长度,其时间长度将根据滑块的拖动方向做相应的增加或减小的变化,如图 3-27 所示。

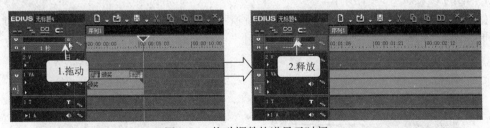

图 3-27 拖动调整轨道显示时间

单击轨道面板中的"显示单位"按钮 ⬛ 1秒 ⬛ ,可在"自适应"和当前显示单位间切换显示。

2．添加轨道

在"轨道"面板上单击鼠标右键，在弹出的快捷菜单中选择"添加"命令，再在其子菜单中选择具体添加的位置和添加的轨道类型，然后在打开的"添加轨道"对话框中设置添加轨道的数量，单击 确定 按钮即可添加轨道，如图 3-28 所示。

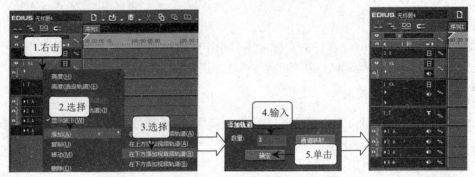

图 3-28　在下方添加视音频轨道

其中预设的添加轨道方式的作用分别如下。

（1）在上方添加视音频轨道：指在选择的轨道上方同时添加视频和音频轨道，添加数量为"1"后的效果如图 3-29 所示。

（2）在上方添加视频轨道：指在选择的轨道上方仅添加视频轨道，添加数量为"1"后的效果如图 3-30 所示。

图 3-29　在上方添加视音频轨道　　　　　图 3-30　在上方添加视频轨道

（3）在下方添加视音频轨道：指在选择的轨道下方同时添加视频和音频轨道，添加数量为"1"后的效果如图 3-31 所示。

（4）在下方添加视频轨道：指在选择的轨道下方仅添加视频轨道，添加数量为"1"后的效果如图 3-32 所示。

图 3-31　在下方添加视音频轨道　　　　　图 3-32　在下方添加视频轨道

3．复制与移动轨道

轨道允许复制和移动，以便高效地编辑素材，其方法分别如下。

（1）复制轨道：选择需要复制的轨道，在其上单击鼠标右键，在弹出的快捷菜单中选择"复制"命令，如图 3-33 所示。

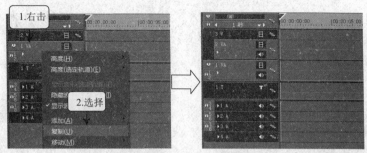

图 3-33　复制轨道

（2）移动轨道：拖动需要移动的轨道到目标位置，当出现蓝色插入线时，释放鼠标即可，如图 3-34 所示。

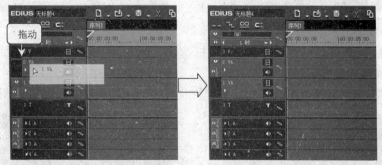

图 3-34　移动轨道

4．删除轨道

选择需要删除的轨道，在其上单击鼠标右键，在弹出的快捷菜单中选择"删除（选定轨道）"命令即可删除轨道，如图 3-35 所示。

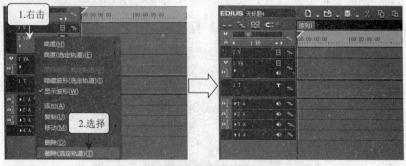

图 3-35　删除轨道

下面通过对时间线轨道的添加、删除和移动位置等操作，综合练习"轨道"面板的应用方法。

实例 3-2——应用时间线轨道

素材文件	无	效果文件	无
视频文件	视频\第 3 章\3-2.swf	操作重点	添加轨道、删除轨道、移动轨道

1 新建 EDIUS 7 工程，选择"视音频 1"轨道，在其上单击鼠标右键，在弹出的快捷菜单中选择【添加】/【在下方添加视音频轨道】命令，如图 3-36 所示。

2 打开"添加轨道"对话框，在"数量"文本框中输入"2"，单击 确定 按钮，如图 3-37 所示。

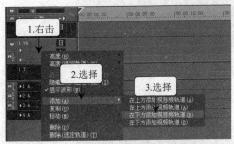

图 3-36 添加轨道

图 3-37 设置添加数量

3 利用【Ctrl】键同时选择"音频 3"轨道和"音频 4"轨道，在其上单击鼠标右键，在弹出的快捷菜单中选择"删除（选定轨道）"命令，如图 3-38 所示。

4 选择"视频 4"轨道，将其拖动到"视音频 1"轨道下方，如图 3-39 所示。

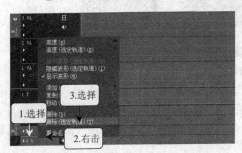

图 3-38 删除轨道

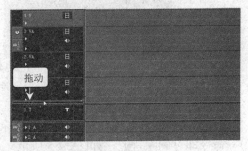

图 3-39 拖动轨道

5 释放鼠标完成轨道的移动，如图 3-40 所示。

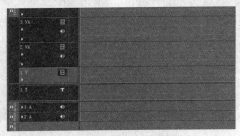

图 3-40 调整后的轨道

3.2.2 在时间线上编辑素材

时间线位于时间线窗口的右侧，在时间线上可对素材进行各种编辑，从而完成并确定视频的大致内容，下面将详细且全面地介绍在时间线上对素材进行各种编辑操作的方法。

1. 将素材添加到时间线

将素材添加到时间线是指将"素材库"面板中的素材添加到时间线窗口，其方法为：在"素材库"面板中选择需要添加到时间线的素材缩略图，单击工具栏中的"添加到时间线"按钮■即可，如图3-41所示。

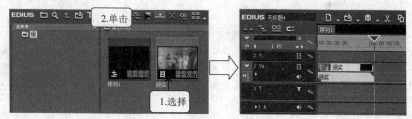

图 3-41　将素材添加到时间线

2. 更改素材在时间线上的显示颜色

当在时间线上添加了大量素材后，可根据素材的不同颜色更好地进行编辑，更改素材在时间线上显示颜色的方法为：在"素材库"面板中的素材缩略图上单击鼠标右键，在弹出的快捷菜单中选择"素材颜色"命令，再在其子命令中选择颜色选项，然后单击工具栏中的"添加到时间线"按钮■即可，如图3-42所示。

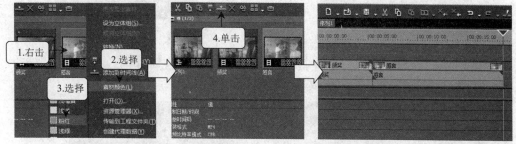

图 3-42　更改素材在时间线上的显示颜色

3. 移动与复制时间线上的素材

移动与复制时间线上的素材的方法分别如下。

（1）**移动素材**：直接拖动在时间线上的素材即可，如图3-43所示。

图 3-43　移动素材

（2）**复制素材**：在时间线上选择素材，单击上方工具栏中的"复制"按钮■，即可将该素材复制，再单击"粘贴至指针位置"按钮■，便可将复制的素材粘贴到指定位置，如图3-44所示。

下面以在"素材库"面板中将素材颜色更改为浅黄并添加到时间线，再将其复制后移动到下一轨道为例，学习素材的各种编辑方法。

图 3-44 复制素材

 实例 3-3——更改素材在时间线上的显示颜色

素材文件	素材\第 3 章\颁奖.ezp	效果文件	效果\第 3 章\颁奖.ezp
视频文件	视频\第 3 章\3-3.swf	操作重点	更改素材在时间线上的显示颜色、复制素材等

1 打开素材提供的"颁奖.ezp"工程，在"素材库"面板中的"颁奖"素材缩略图上单击鼠标右键，在弹出的快捷菜单中选择【素材颜色】/【浅黄】命令，如图 3-45 所示。

2 在上方工具栏中单击"添加到时间线"按钮，如图 3-46 所示。

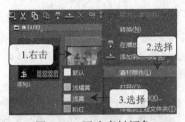

图 3-45 更改素材颜色

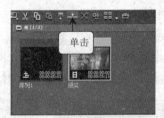

图 3-46 将素材添加到时间线

3 在时间线上选择该素材，单击上方工具栏中的"复制"按钮，如图 3-47 所示。

4 单击"粘贴至指针位置"按钮，如图 3-48 所示。

图 3-47 复制素材

图 3-48 粘贴素材

5 拖动粘贴出来的素材到下一轨道，最终效果如图 3-49 所示。

图 3-49 移动素材

4. 剪切素材

在时间线窗口中选择素材后单击"剪切"按钮 ，然后再单击"粘贴至指针位置"按钮 即可，如图 3-50 所示。

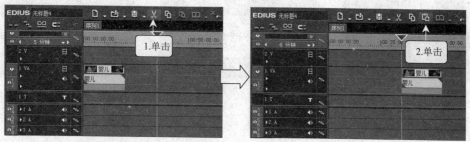

图 3-50 剪切素材

5. 素材的删除与波纹删除

素材的删除与波纹删除含义有所不同，两者区别如下。

(1) **删除素材**：指在时间线轨道上将素材移除。选择素材后单击工具栏中的"删除"按钮 即可删除素材，若该素材右侧有其他素材，其他素材位置将不会发生变化，如图 3-51 所示。

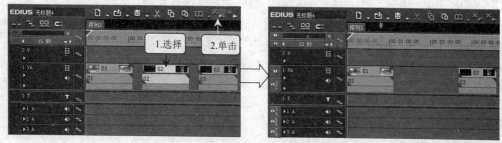

图 3-51 删除素材

(2) **波纹删除素材**：选择素材后单击工具栏中的"波纹删除"按钮 也可删除素材，若该素材右侧有其他素材，则素材会占据删除素材之前的位置，顺势向左侧移动，如图 3-52 所示。

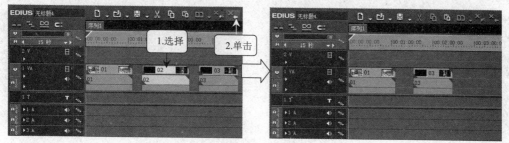

图 3-52 波纹删除素材

6. 替换素材

替换素材可以将复制的素材快速替换到其他素材上，不管是复制的素材还是被替换的素材，其素材长度均取决于两者之间长度较短者，而多余的部分将被自动裁剪。

替换素材的方法为：选择需要复制的素材，在工具栏中单击"复制"按钮 ，再选择需要替换的素材，在工具栏中单击"替换素材（所有）"按钮 ，如图 3-53 所示。

图 3-53　替换素材

下面调整时间线轨道上的 3 个素材为例，综合练习替换素材和删除素材的方法。

实例 3-4——替换与删除素材

素材文件	素材\第 3 章\替换删除.ezp	效果文件	效果\第 3 章\替换删除.ezp
视频文件	视频\第 3 章\3-4.swf	操作重点	替换素材、删除素材

1　打开素材提供的"替换删除.ezp"工程，在时间线轨道上选择"01"素材，在上方工具栏中单击"复制"按钮 ，如图 3-54 所示。

2　选择"02"素材，在工具栏中单击"替换素材"按钮 ，如图 3-55 所示。

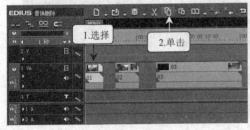

图 3-54　复制素材

图 3-55　替换素材

3　选择左侧"01"素材，在工具栏中单击"删除"按钮 ，调整后的最终效果如图 3-56 所示。

图 3-56　删除素材

7．删除视频素材上的音频内容

在 EDIUS 7 的默认设置中，如果要删除时间线上某个视频素材的声音，则视频部分也将同时被删除。因此要想单独删除音频部分，需将视频和音频分离后再进行删除。

删除视频素材上的音频内容的方法为：在时间线上选择素材内容，在预览窗口的菜单栏中选择【素材】/【连接/组】/【解除连接】菜单命令，然后在时间线上单独选择音频内容，在上方工具栏中单击“删除”按钮，如图 3-57 所示。

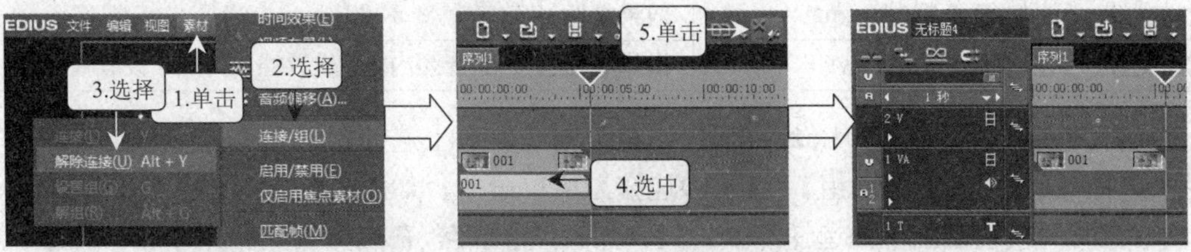

图 3-57　删除视频素材上的音频内容

8．更改素材持续时间

更改素材持续时间即更改素材的内容长度，其反映出来的最终结果实质上就是增加或减少素材的播放时间。

更改素材持续时间的方法为：在时间线轨道的素材上单击鼠标右键，在弹出的快捷菜单中选择“持续时间”命令，打开“持续时间”对话框，调整时间后单击 确定 按钮，如图 3-58 所示。

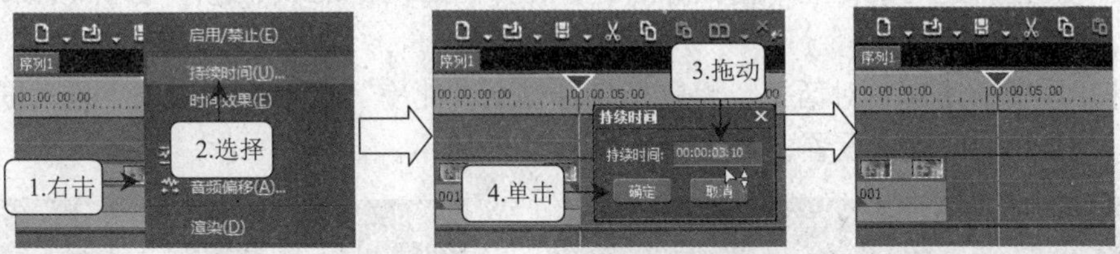

图 3-58　更改素材持续时间

9．设置素材的播放方向与速度

对于视频素材而言，EDIUS 可设置其播放的方向和播放速度，从而实现视频回放、慢放或快放等效果。

设置素材的播放方向与速度的方法为：在时间线轨道的素材上单击鼠标右键，在弹出的快捷菜单中选择【时间效果】/【速度】菜单命令，打开“素材速度”对话框，在“方向”栏中可设置播放的方向，在“比率”文本框中可设置播放的速度（也可在“持续时间”文本框中直接设置播放时间），最后单击 确定 按钮即可，如图 3-59 所示。

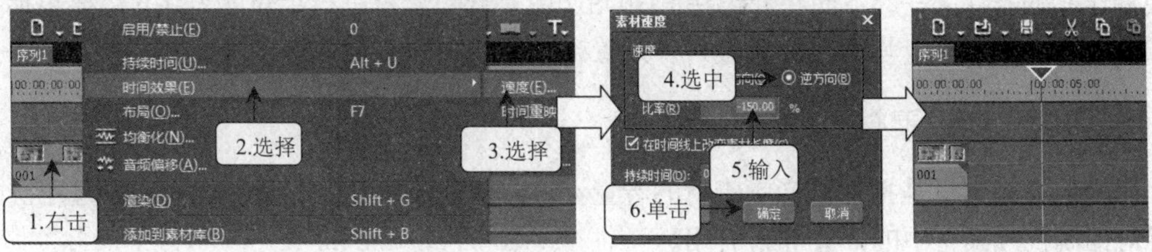

图 3-59　设置素材的播放方向与速度

下面以调整素材提供的工程中视频的各参数为例，熟悉删除音频内容、设置播放方向与速度等方法。

实例 3-5——设置播放方向和速度

素材文件	素材\第 3 章\001.ezp	效果文件	效果\第 3 章\001.ezp
视频文件	视频\第 3 章\3-5.swf	操作重点	删除音频内容、设置播放方向、设置播放速度

1 打开素材提供的"001.ezp"工程，在时间线轨道上选择素材内容，在预览窗口的菜单栏中选择【素材】/【连接/组】/【解除连接】菜单命令，如图 3-60 所示。

2 在时间线轨道上单独选择"001"素材的音频内容，在上方工具栏中单击"删除"按钮，如图 3-61 所示。

图 3-60 解除链接

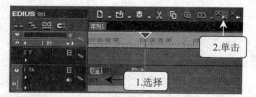

图 3-61 删除音频内容

3 在时间线轨道的素材上单击鼠标右键，在弹出的快捷菜单中选择【时间效果】/【速度】命令，如图 3-62 所示。

4 打开"素材速度"对话框，将鼠标指针移至"比率"文本框中，向下拖动鼠标将比率减少到"90.00%"，确认设置，最终效果如图 3-63 所示。

图 3-62 选择速度

图 3-63 设置播放速度

3.3 音频素材的编辑

音频内容是视频文件中非常重要的组成部分，熟练掌握好音频内容的编辑工作也是制作出后期作品的条件之一。下面将介绍在 EDIUS 7 中对音频素材进行编辑的方法，主要包括为音频添加入点和出点、均衡化音频素材、设置音频偏移和同步录音等。

3.3.1 均衡化音频素材

均衡化音频素材是指控制音频素材的音量大小，使整段声音的音量不会过大或过小。此功能对控制视频素材中的声音非常有用。

均衡化音频素材的方法为：在时间线轨道的素材上单击鼠标右键，在弹出的快捷菜单中选择"均衡化"命令，打开"均衡化"对话框，在"音量"文本框中输入数字，单击 确定 按钮，如图 3-64 所示。

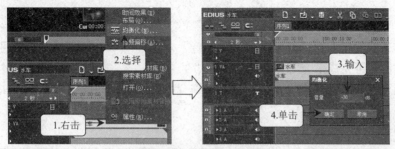

图 3-64　改变音量大小

3.3.2　设置音频偏移

音频偏移可以使视频素材中的声音向前或向后偏移，从而实现视频开始播放但声音延迟播放，或声音已结束但视频仍在播放的效果。此功能对于增加场景转换的互动效果较为有用。

设置音频偏移的方法为：在时间线轨道的素材上单击鼠标右键，在弹出的快捷菜单中选择"音频偏移"命令，打开"音频偏移"对话框，在"方向"栏中选择音频置前或置后，在"偏移"栏中设置偏移的时间大小，单击 确定 按钮，如图 3-65 所示。

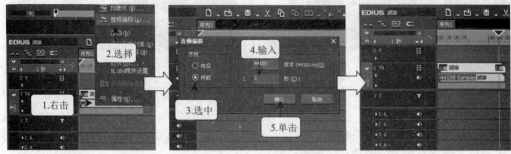

图 3-65　设置音频偏移

3.3.3　同步录音

在视频的制作过程中，有时前期录制的音频效果不能满足需要，需要在后期制作的过程中另外添加音频内容，此时便可利用 EDIUS 中的同步录音功能为视频添加旁白和音频效果。需要注意的是，同步录音要求有音频输入设备（如麦克风）才能进行。

1. 设置同步录音

在录音工作开始之前需要进行一些预先设置，包括选择录音设备、输出位置和存储的文件夹。

设置同步录音的方法为：在预览窗口的菜单栏中选择【采集】/【同步录音】菜单命令，在打开的"同步录音"对话框中可设置同步录音之前的各种参数，其界面如图 3-66 所示。

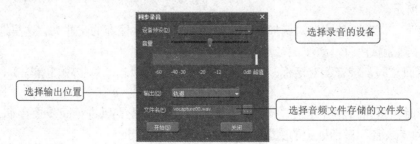

图 3-66　"同步录音"对话框

2．同步录音

完成同步录音的设置之后继续在"同步录音"对话框中单击 开始(S) 按钮便可开始录音，单击 结束(E) 按钮即可完成录音工作。

下面利用麦克风录入一段内容，通过此例来介绍同步录音的设置和录制方法。

 实例 3-6——同步录音

素材文件	素材\第 3 章\运动.ezp	效果文件	效果\第 3 章\运动.ezp
视频文件	视频\第 3 章\3-6.swf	操作重点	同步录音

1 打开光盘提供的素材文件"运动.ezp"，将"素材库"面板中的素材添加到时间线轨道上，选择"音频 1"轨道，如图 3-67 所示。

2 单击时间线轨道上方工具栏中的切换同步录音显示按钮 ，或选择【采集】/【同步录音】菜单命令，如图 3-68 所示。

图 3-67　添加素材

图 3-68　同步录音

3 打开"同步录音"对话框，在"设备预设"下拉列表框中选择"录音"选项，如图 3-69 所示。

4 拖动"音量"栏右侧的滑块，调整麦克风接收音量的大小，然后在"输出"下拉列表框中选择"轨道"选项，如图 3-70 所示。

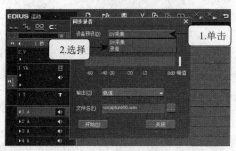

图 3-69　选择设备预设

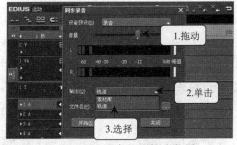

图 3-70　设置音量和输出位置

5 继续在"同步录音"对话框中单击"文件名"文本框右侧的"设置路径"按钮 ，如图 3-71 所示。

6 打开"浏览文件夹"对话框，在其中选择录音文件保存的文件夹，这里选择"运动"选项，单击 确定 按钮，如图 3-72 所示。

7 返回"同步录音"对话框，确认麦克风处于可用状态，单击 开始(S) 按钮，如图 3-73 所示。

8 此时预览窗口将开始录音倒计时，此时便可通过麦克风进行同步录音了。录音完成后单击"同步录音"对话框中的 结束(E) 按钮，如图 3-74 所示。

图 3-71　设置路径

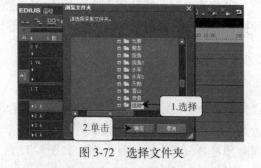
图 3-72　选择文件夹

图 3-73　开始录音

图 3-74　结束录音

9 打开"EDIUS"对话框，提示是否使用录音后得到的文件，单击 是(Y) 按钮，如图 3-75 所示。

10 单击 关闭 按钮关闭"同步录音"对话框，此时录音文件将自动添加到"素材库"面板中，同时显示在选择的"音频 1"轨道上，如图 3-76 所示。

图 3-75　确认使用

图 3-76　得到的录音文件

3.4　多机位素材的编辑

多机位模式编辑素材可以同时预览多个轨道中的素材内容，并能快速地对各轨道素材进行剪切，将各素材在所需的位置剪断为多个独立的内容，以便后期再进一步编辑和渲染。

3.4.1　将素材添加到多个时间线轨道

进行多机位素材编辑之前首先需要将多个素材添加到多个时间线轨道中，其添加方法为：分别将素材库中的素材添加到时间线窗口中，然后通过拖动的方法将素材添加到不同的轨道。

创建多个时间线轨道、将素材库中的素材添加到时间线窗口和移动时间线轨道上的素材等操作方法，在之前的学习中都有详细讲解，这里不再重复。

3.4.2 在预览窗口中实现多机位浏览

当素材分别添加到多个时间线轨道后，在预览窗口的菜单栏中选择【模式】/【多机位模式】菜单命令切换到多机位编辑模式，然后选择【模式】/【机位数量】菜单命令，根据轨道数量在弹出的子菜单中选择相应数量的命令，最后单击"播放"按钮 ▶ 便可在预览窗口中同时预览各轨道上的素材内容，如图 3-77 所示。

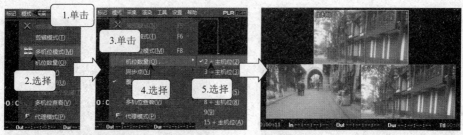

图 3-77　在预览窗口中多机位浏览

3.4.3 多机位素材的剪切

为了实现精确的剪切工作，需要在时间线轨道上添加"剪切点"标记 ，该标记可将素材分为多个独立的部分。

多机位素材的剪切方法为：按空格键播放素材，在预览窗口中单击相应机位，激活对应的轨道，然后单击鼠标即可插入剪切点，此时，被激活轨道的素材在时间线轨道中为高亮显示，未被激活的相同剪切段则为灰色显示，如图 3-78 所示。当播放整个素材时主机位将播放所有高亮显示的部分，灰色显示的部分便可删除。

图 3-78　剪切多机位素材

下面以添加视频轨道并在多机位模式下编辑素材为例，介绍多机位模式下素材的编辑工作方法。

 实例 3-7——多机位模式下剪切素材

素材文件	素材\第 3 章\海洋公园.ezp	效果文件	效果\第 3 章\海洋公园.ezp
视频文件	视频\第 3 章\3-7.swf	操作重点	将素材添加到多个时间线轨道、剪切多机位素材

1　打开光盘提供的素材文件"海洋公园.ezp"，选择"视频 2"轨道，在其上单击鼠标右键，在弹出的快捷菜单中选择【添加】/【在上方添加视频轨道】命令，如图 3-79 所示。

2　打开"添加轨道"对话框，在"数量"文本框中输入"2"，单击 确定 按钮，如图 3-80 所示。

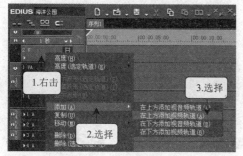

图 3-79　添加轨道

图 3-80　设置轨道数量

3　将"素材库"面板中的素材按对应的编号分别添加到相应的视音频轨道和视频轨道上，添加后的效果如图 3-81 所示。

4　选择【模式】/【多机位模式】菜单命令，如图 3-82 所示。

图 3-81　添加素材

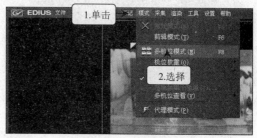

图 3-82　切换模式

5　选择【模式】/【机位数量】/【4】菜单命令，将预览窗口中显示的机位数量进行调整，如图 3-83 所示。

6　按空格键播放素材，在预览窗口中单击相应机位，激活对应的轨道后，单击鼠标即可插入剪切点，如图 3-84 所示。

7　此时时间线轨道上将出现绿色的下三角形标记，代表该处进行了剪切处理，如图 3-85 所示。

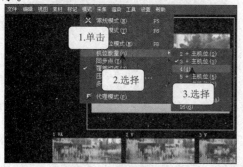

图 3-83　调整机位数量

图 3-84　多机位模式下编辑素材

8　按相同方法在不同的机位上添加剪切点，如图 3-86 所示。

图 3-85　添加剪切点

图 3-86　添加剪切点

9　单击轨道面板上的"设置波纹模式"按钮 ，使其变为 状态，表示禁用波纹模式，如图 3-87 所示。

10　使用【Delete】键删除各轨道上不需要的素材，如图 3-88 所示。

图 3-87　禁用波纹模式

图 3-88　删除素材

11　选择【模式】/【常规模式】菜单命令，如图 3-89 所示。

12　重新预览素材，即可得到剪辑后的效果，如图 3-90 所示。

图 3-89　更改模式

图 3-90　预览素材

3.5　上机实训——编辑"卤菜过程"视频素材

下面通过上机实训综合练习编辑素材的知识，本实训的最终效果如图 3-91 所示。

素材文件	素材\第 3 章\卤肉.mpg、成品.mpg…	效果文件	效果\第 3 章\卤菜过程.ezp
视频文件	视频\第 3 章\3-8-1.swf、3-8-2.swf	操作重点	设置素材播放方向、更改素材持续时间

图 3-91　"卤菜过程"视频效果

1．整理视频素材

下面首先新建工程文件，然后导入并添加视频素材，并通过添加的素材获取静帧图像，最后调整素材顺序并删除多余的素材内容。

1　新建工程，在"素材库"面板上方的工具栏中单击"添加素材" 按钮，如图 3-92 所示。

2　打开"打开"对话框，在"查找范围"下拉列表框中选择素材所在的路径，在下方列表框中选择"成品"、"卤肉"、"起锅 1"、"起锅 2" 4 个视频素材，然后单击 打开(O) 按钮，如图 3-93 所示。

图 3-92　添加素材

图 3-93　选择路径和素材

3　在"素材库"面板的工具栏中单击"添加到时间线" 按钮，如图 3-94 所示。

4　在时间线窗口的时间线轨道面板中单击 按钮，在弹出的下拉列表中选择"2 秒"选项，如图 3-95 所示。

图 3-94　将素材添加到时间线

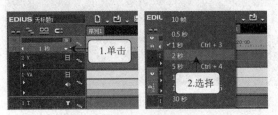

图 3-95　调整轨道显示时间长度

5　在时间线轨道中单独选择"成品"素材，再单击上方工具栏中的"剪切"按钮 ，如图 3-96 所示。

6　在时间线轨道中拖动指针 到"起锅 2"素材的后面，如图 3-97 所示。

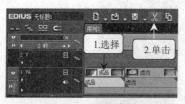

图 3-96　剪切素材　　　　　　　　　　　　　图 3-97　调整指针位置

7　在上方工具栏中单击"粘贴至指针位置"按钮 🔲，如图 3-98 所示。

8　在预览窗口的菜单栏中选择【素材】/【创建静帧】菜单命令，如图 3-99 所示。

图 3-98　粘贴素材　　　　　　　　　　　　　图 3-99　创建静帧

9　在"素材库"面板的工具栏中单击"添加到时间线" 🔳 按钮，如图 3-100 所示。

10 在时间线轨道中拖动刚创建的静帧素材到最前端，如图 3-101 所示。

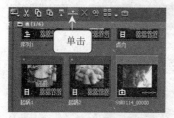

图 3-100　将素材添加到时间线　　　　　　　　图 3-101　调整素材位置

11　将时间线指针移动到"32 秒"的位置，选择【编辑】/【添加剪切点】/【所有轨道】菜单命令，如图 3-102 所示。

12　在时间线轨道中选择"起锅 2"素材的前部分，在上方工具栏中单击"波纹删除"按钮 🔳，如图 3-103 所示。

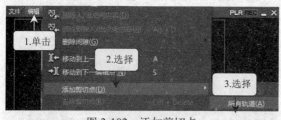

图 3-102　添加剪切点　　　　　　　　　　　　图 3-103　删除素材

2．编辑视频素材

为了获得更好的视频效果，下面将使用复制素材、设置播放速度和方向等操作编辑素材内容。

1　选择静帧素材，在其上单击鼠标右键，在弹出的快捷菜单中选择"持续时间"命令，如图 3-104 所示。

    2 打开"持续时间"对话框，在"持续时间"文本框中向下拖动鼠标，将持续时间设置为"2 秒"，单击 确定 按钮，如图 3-105 所示。

图 3-104 选择持续时间

图 3-105 设置持续时间

    3 在预览窗口的菜单栏中选择【编辑】/【添加剪切点】/【所有轨道】菜单命令，如图 3-106 所示。

    4 选择剪断后"成品"素材的右侧部分，单击"复制"按钮 ，如图 3-107 所示。

图 3-106 添加剪切点

图 3-107 复制素材

    5 单击"粘贴至指针位置"按钮 ，将复制的素材添加到当前时间线滑块的位置，如图 3-108 所示。

    6 在粘贴的素材上单击鼠标右键，在弹出的快捷菜单中选择【时间效果】/【速度】菜单命令，如图 3-109 所示。

图 3-108 粘贴素材

图 3-109 设置速度

    7 打开"素材速度"对话框，选中"逆方向"单选项，单击 确定 按钮，完成所有操作，如图 3-110 所示。

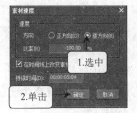

图 3-110 调整播放方向

3.6   本章小结

本章主要讲解了 EDIUS 7 中视频素材的编辑知识，主要包括在预览窗口和时间线窗口中编辑素材的内容，另外也对音频素材和多机位素材的编辑做了详细的讲解。

在所讲的知识中，添加素材和设置出入点是最基础的操作，需要熟练掌握其操作方法，同时应着重掌握在时间线上编辑素材中的相关知识，对于编辑音频素材的内容可适当了解和熟悉，多机位素材编辑方法只需了解即可。

3.7   疑难解答

1.问：如何将已分离的视频内容和音频内容重新连接在一起？

答：在时间线轨道上同时选择视频内容和音频内容后，在预览窗口的菜单栏中选择【素材】/【连接/组】/【连接】菜单命令即可，如图 3-111 所示。

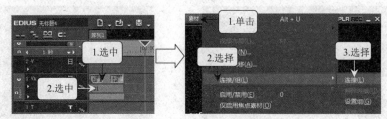

图 3-111   连接视频和音频内容

2.问：在时间线窗口中撤销与恢复操作步骤的方法分别是什么？

答：在时间线窗口的工具栏中单击"撤销"按钮 ⊐ 可撤销上一步操作步骤；单击"恢复"按钮 ⊏ 则可恢复已撤销的操作步骤。

3.问：在时间线窗口中如何快速为全部轨道添加剪切点？

答：在时间线窗口的工具栏中单击"添加剪切点"按钮 ⊥ 右侧的下拉按钮 ⌄，在弹出的快捷菜单中选择"全部轨道"命令即可。

3.8   习题

1. 导入素材"鱼.mpg"（素材文件：素材/第 3 章/课后练习/鱼.mpg），将其添加到预览窗口，然后设置入点为"4 秒"、出点为"35 秒"，并将设置好的视频素材插入到时间线，最终视频时长为 31 秒（效果文件：效果/第 3 章/课后练习/鱼.ezp）。

2. 打开素材文件"欢快.ezp"（素材文件：素材/第 3 章/课后练习/欢快.ezp），将时间线轨道中的音频的"均衡化"设置为"0dB"，"音调偏移"设置为向前"1 秒"（效果文件：效果/第 3 章/课后练习/欢快.ezp）。

3. 打开素材文件"大海.ezp"（素材文件：素材/第 3 章/课后练习/大海.ezp），将其设置为"2+主机位"的多机位模式，然后设置"0-5 秒"为视频 1、"5-8 秒"为视频 2、"8-13 秒"为视频 1、后面都为视频 2 显示，然后将多余部分都删除，最后转换为常规模式进行播放，如图 3-112 所示（效果文件：效果/第 3 章/课后练习/大海.ezp）。

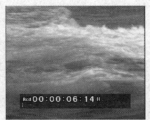

图 3-112 最终效果

第 4 章　视频布局

视频布局是 EDIUS 7 的一项重要功能，它不仅可以实现对素材在播放窗口中位置、大小、角度等属性的调整，还能制作各种动画，使素材在后期播放时展现出更加丰富的动态效果。本章将详细讲解视频布局的使用方法、素材的调整以及各种动画效果的制作。通过学习快速且全面地掌握视频布局在 EDIUS 中的应用。

 学习要点

➢　了解视频布局窗口的组成
➢　掌握视频布局的裁剪设置

4.1　视频布局窗口的组成

视频布局是指对源素材进行变换或进行动画操作的控制模块，在其中可进行如裁剪尺寸、拉伸画面长度或宽度、旋转画面、视频画面以外的背景色、视频画面边缘的形状和投影等操作。

打开视频布局窗口可通过以下三种方式实现。

(1) 通过菜单命令：在预览窗口的菜单栏中选择【素材】/【视频布局】菜单命令，如图 4-1 所示。

(2) 通过快捷命令：在时间线轨道的素材上单击鼠标右键，在弹出的快捷菜单中选择"布局"命令，如图 4-2 所示。

图 4-1　选择视频布局

图 4-2　选择布局

(3) 通过快捷键：在时间线轨道上选择素材后直接按【F7】键。

视频布局窗口由预览区、参数设置区、布局效果区和时间线区 4 个部分组成，如图 4-3 所示。

图 4-3　视频布局窗口界面

4.1.1　预览区

　　在预览区中可对视频进行预览和裁剪编辑，还能在 2D 或 3D 模式下对视频进行变换设置。预览区由工具栏和编辑区组成，如图 4-4 所示。

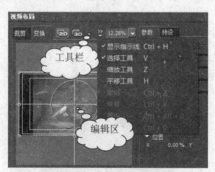

图 4-4　预览区界面

　　（1）**裁剪和变换选项卡**：单击以切换素材为裁剪的编辑状态或变换的编辑状态。

　　（2）**2D 和 3D 模式**：当素材处于变换状态时，可单击"2D 模式"按钮 2D 或"3D 模式"按钮 3D 来切换在 2D 或 3D 模式下进行变换操作。

　　（3）**显示百分比下拉列表框**：该列表框位于"下拉菜单"按钮 右侧，在其中可选择素材在编辑区中的显示大小，也可直接输入显示比例进行设置。

　　（4）**编辑区**：在编辑区中可拖动各控制点来对素材进行调整，也可直接拖动素材改变其位置。

　　单击"下拉菜单"按钮 ，在弹出的下拉菜单中可选择是否显示指示线，使用选择、缩放或平移工具，撤销操作步骤，恢复操作步骤，将素材在编辑区中居中和素材大小适合编辑区宽度等操作。

4.1.2 参数设置区

EDIUS 7 的参数设置区包括"参数"选项卡和"预设"选项卡，在参数设置区中除了可以对需要裁剪或变换的素材进行精确设置外，还能对调整后的参数模板进行存储设置，各选项卡的界面分别如图 4-5 和图 4-6 所示。

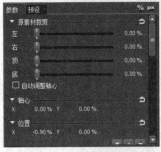

图 4-5 "参数"选项卡界面

图 4-6 "预设"选项卡界面

（1）**"参数"选项卡**：在参数设置区上方左侧单击"参数"选项卡可切换至该界面，在下方拖动滑块或在数值框中拖动鼠标即可调整布局参数。通过右上角的"切换到百分比"按钮 % 和"切换到像素单位"按钮 px 可将各参数的单位进行百分比和像素的切换。

（2）**"预设"选项卡**：在参数设置区上方单击"预设"选项卡可切换至该界面，左下方的三个按钮可对布局效果进行新建、保存或删除等设置。双击下方列表框中的某个预设选项，或选择某一选项后单击 应用 按钮，便可将该布局应用到素材中。

4.1.3 布局效果区

在布局效果区中可为素材应用各种变化效果，也可对裁剪、变换的参数进行编辑。布局效果区主要由工具栏和编辑区组成，如图 4-7 所示。

图 4-7 布局效果区界面

（1）**工具栏**：在工具栏中包括调整时间线长度的按钮组、"回放"按钮 ▷ 、"循环播放"按钮 ⟲ 和"撤销"按钮 ⤺ 等功能按钮。

（2）**编辑区**：在其中可进行剪切、变换和效果等参数设置，单击参数名称前面的"展开"标记 ▶ ，即可设置相应效果的参数。

4.1.4 时间线区

在时间线区直接拖动"时间线滑块"按钮 ▽ 能将画面定位在某一时间点上，然后在左侧的布局效果区中设置参数后可插入关键帧来使画面进行丰富的变化，如图 4-8 所示。

图 4-8　时间线区界面

4.2　视频布局的裁剪设置

视频布局的裁剪是指通过改变裁剪框的大小来调整素材的显示内容，素材本身的大小不会发生改变。

4.2.1　在预览区中进行裁剪设置

在预览区中通过调整裁剪框的大小和移动裁剪框，可实现显示大小和显示位置的布局调整，其方法分别如下。

(1) 调整大小：在上方工具栏中选择"裁剪"选项卡，在下方编辑区中拖动控制点可调整大小，如图 4-9 所示。

(2) 移动位置：将鼠标指针移到裁剪框内，当鼠标指针变为 🖑 状态时，拖动鼠标可移动位置，如图 4-10 所示。

图 4-9　调整裁剪框大小

图 4-10　移动裁剪框位置

下面以裁剪"视频 1"轨道上的素材为例，介绍视频布局窗口的打开、使用以及素材的裁剪等方法。

 实例 4-1——在预览区中裁剪素材

素材文件	素材\第 4 章\海浪.ezp	效果文件	效果\第 4 章\海浪.ezp
视频文件	视频\第 4 章\4-1.swf	操作重点	打开视频布局窗口、裁剪素材

1　打开素材文件"海浪.ezp"，在时间线窗口的"视频 1"轨道的"海浪"素材上单击鼠标右键，在弹出的快捷菜单中选择"布局"命令，如图 4-11 所示。

2 打开"视频布局"窗口，在预览区上方的工具栏中单击"裁剪"选项卡，如图 4-12 所示。

图 4-11　选择布局命令

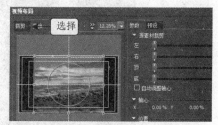

图 4-12　选择裁剪选项卡

3 将鼠标指针移到编辑区裁剪框上方的中央控制点上，向下拖动鼠标到适当位置，如图 4-13 所示。

4 将鼠标指针移到裁剪框内，当鼠标指针变为 ✛ 状态时，向上拖动鼠标到适当位置，然后单击 **确定** 按钮完成操作，如图 4-14 所示。

图 4-13　裁剪素材

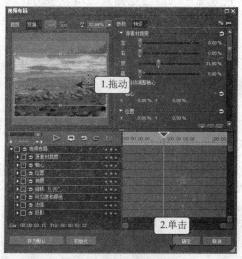

图 4-14　移动裁剪框

4.2.2　在参数设置区中精确裁剪

在参数设置区中可设置百分比数字从四个方向分别对素材进行精确裁剪，其裁剪精确度可达到百分比后面 2 位小数点，其方法为：在参数设置区中单击"参数"选项卡，在下方的"源素材裁剪"栏中可分别设置"左"、"右"、"顶"、"底"四个方向的裁剪参数，如图 4-15 所示。

图 4-15　精确裁剪

在"源素材裁剪"栏的右侧单击"设置默认的参数"按钮■后，所有方向上的裁
剪设置都将变为 0.00%，恢复为初始状态。

TIPS▶

下面以在参数设置区中裁剪"视频 1"轨道上的素材为例，熟悉精确裁剪素材的方法。

 实例 4-2——精确调整素材的裁剪范围

素材文件	素材\第 4 章\路.ezp	效果文件	效果\第 4 章\路.ezp
视频文件	视频\第 4 章\4-2.swf	操作重点	打开视频布局窗口、裁剪素材

1　打开素材文件"路.ezp"，在时间线窗口中选择"视频 1"轨道上的"路"素材，按
【F7】键或选择【素材】/【视频布局】菜单命令，如图 4-16 所示。

2　打开"视频布局"窗口，在预览区中单击"裁剪"选项卡，然后在"参数"选项卡
中的"源素材裁剪"栏的"左"数值框中单击鼠标，并输入数字"25"，如图 4-17 所示。

图 4-16　选择视频布局　　　　　　　　　图 4-17　左裁剪

3　在"参数"选项卡的"源素材裁剪"栏中向右拖动"右"滑块到 8%位置后释放鼠标，
确认设置完成操作，最终效果如图 4-8 所示。

图 4-18　右裁剪

4.3　视频布局的变换设置

在 EDIUS 7 中可设置的视频布局变换种类非常丰富，按空间模式分类可分为 2D 变换和
3D 变换两大类。

4.3.1　2D 变换设置

如果要对素材进行 2D 布局变换，首先应在视频布局窗口的预览区中确定选择的是 2D 模

式，在该模式中可对素材的轴心、位置、伸展、旋转、边框、可见度和颜色等属性进行布局设置。

1. 源素材裁剪

源素材裁剪动画可实现素材逐渐显示或逐渐消失的动态效果，设置此动画的关键在于起始帧和结束帧的裁剪范围。

下面以将素材设置为从左到右逐渐显示的动画为例，介绍源素材裁剪动画的制作方法。

 实例 4-3——设置源素材裁剪动画

素材文件	素材\第 4 章\鸽子.ezp	效果文件	效果\第 4 章\鸽子.ezp
视频文件	视频\第 4 章\4-3.swf	操作重点	设置源素材裁剪参数

1 打开光盘提供的素材文件"鸽子.ezp"，选择"视频 1"轨道上的素材，在其上单击鼠标右键，在弹出的快捷菜单中选择"布局"命令，如图 4-19 所示。

2 打开"视频布局"对话框，单击"变换"选项卡，然后单击"2D 模式"按钮 **2D**，并单击下方的时间线显示刻度按钮，将其切换为"自适应"状态，如图 4-20 所示。

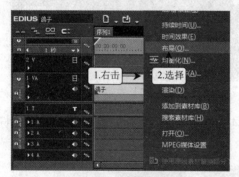

图 4-19　选择素材

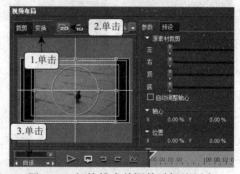

图 4-20　切换模式并调整时间线刻度

3 将时间线滑块调整到起始位置，选中左侧的"源素材裁剪"复选框，展开该复选框，将右裁剪的参数设置为"100"，如图 4-21 所示。

4 将时间线滑块调整到"10 秒"的位置（自适应状态下的最后位置），重新将右裁剪的参数设置为"0"，单击 **确定** 按钮，如图 4-22 所示。

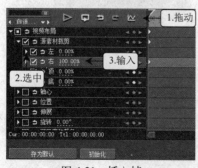

图 4-21　插入帧

图 4-22　插入帧

5 播放素材预览动画效果如图 4-23 所示。

图 4-23　播放素材

 插入帧后的裁剪变化为动态裁剪，而在预览区和参数设置区中直接进行的裁剪为静态裁剪，即设置完成后视频从头到尾的播放尺寸不会发生任何变化。

2. 轴心

轴心动画是以调整素材在不同位置的轴心来实现移动的效果，其关键就在于轴心的设置。在视频布局窗口的布局效果区中设置"轴心"参数即可进行轴心的变换。

下面以将素材设置为从右上方移动到画面中央的动画为例，介绍 2D 轴心动画的制作方法。

 实例 4-4——设置轴心动画

素材文件	素材\第 4 章\2D 轴心.ezp	效果文件	效果\第 4 章\2D 轴心.ezp
视频文件	视频\第 4 章\4-4.swf	操作重点	设置轴心参数

1 打开素材提供的"2D 轴心.ezp"工程文件，选择"南瓜"素材并按【F7】键打开"视频布局"窗口，在时间线区将时间线滑块调整到起始位置，在布局效果区选中左侧的"轴心"复选框，展开该复选框，将"X"和"Y"参数分别设置为"-100"和"100"，如图 4-24 所示。

2 将时间线滑块调整到最后位置，将"X"和"Y"参数均设置为"0"，单击 确定 按钮，如图 4-25 所示。

图 4-24　插入关键帧　　　　　　　　　　图 4-25　插入关键帧

3 播放素材预览动画效果，如图 4-26 所示。

图 4-26 播放素材

3. 位置

2D 位置动画相对于轴心动画而言，可以更方便地调整素材的变化位置，即可以直接通过拖动素材来调整，而无须更改"X"和"Y"参数。

下面以将素材设置为从上到下移动到画面中央的动画为例，介绍 2D 位置动画的制作方法。

 实例 4-5——制作 2D 位置动画

素材文件	素材\第 4 章\2D 位置.ezp	效果文件	效果\第 4 章\2D 位置.ezp
视频文件	视频\第 4 章\4-5.swf	操作重点	设置位置参数

1 打开光盘素材提供的"2D 位置.ezp"工程，选择"挂件"素材并打开"视频布局"窗口。

2 将时间线滑块调整到起始位置，选中左侧的"位置"复选框，在预览区中将素材向上拖动到播放区域以外，如图 4-27 所示。

3 将时间线滑块调整到最后位置，重新将素材拖动到播放区域，单击 ■■确定■■ 按钮，如图 4-28 所示。

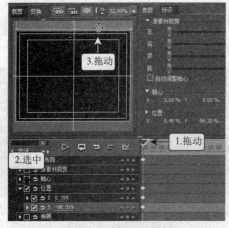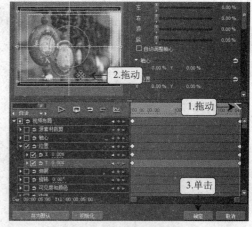

图 4-27 插入关键帧   图 4-28 插入关键帧

4 播放素材预览动画效果，如图 4-29 所示。

图 4-29　播放素材

4. 伸展

2D 伸展动画可以通过缩放素材得到素材逐渐放大的渐近显示或缩小的渐远显示效果。2D 伸展动画的关键在于缩小比例或放大比例的调整，在得到动画效果的同时，应保证素材内容不失真。

下面以将素材设置渐近显示的动态效果为例，掌握 2D 伸展动画的制作方法。

 实例 4-6——制作 2D 伸展动画

素材文件	素材\第 4 章\2D 伸展.ezp	效果文件	效果\第 4 章\2D 伸展.ezp
视频文件	视频\第 4 章\4-6.swf	操作重点	设置伸展参数

1　打开光盘提供的素材文件"2D 伸展.ezp"，选择"草地"素材并打开"视频布局"窗口。

2　将时间线滑块调整到起始位置，选中左侧的"伸展"复选框，展开该复选框，将"X"参数设置为"100"，"Y"参数将同步更改，如图 4-30 所示。

3　将时间线滑块调整到最后位置，将"X"参数设置为"130"，单击 确定 按钮，如图4-31 所示。

图 4-30　插入关键帧　　　　　　　　　图 4-31　插入关键帧

4　播放素材预览动画效果，如图 4-32 所示。

图 4-32　播放素材

5. 旋转

2D 旋转动画可以通过调整素材的角度来得到旋转的动态效果。

下面以将素材设置 180 度旋转的动态效果为例，熟悉 2D 旋转动画的制作方法。

 实例 4-7——制作 2D 旋转动画

素材文件	素材\第 4 章\2D 旋转.ezp	效果文件	效果\第 4 章\2D 旋转.ezp
视频文件	视频\第 4 章\4-7.swf	操作重点	设置旋转参数

1 打开光盘提供的素材文件"2D 旋转.ezp"，选择"旋转"素材并打开"视频布局"窗口。

2 将时间线滑块调整到起始位置，选中左侧的"旋转"复选框，将右侧的参数设置为"–180"，如图 4-33 所示。

3 将时间线滑块调整到最后位置，重新将参数设置为"0"，单击 确定 按钮，如图 4-34 所示。

图 4-33　插入关键帧

图 4-34　插入关键帧

4 播放素材预览动画效果，如图 4-35 所示。

图 4-35　播放素材

6. 可见度和颜色

2D 可见度和颜色动画可以设置素材的不透明度以及背景的颜色和不透明度，并可通过更改不同的不透明度参数和颜色来得到淡入淡出等动态效果。

下面一设置素材的不透明度和背景的不透明度及颜色参数为例，介绍 2D 可见度和颜色动画的制作方法。

实例 4-8——制作 2D 可见度和颜色动画

素材文件	素材\第 4 章\2D 可见度和颜色.ezp	效果文件	效果\第 4 章\2D 可见度和颜色.ezp
视频文件	视频\第 4 章\4-8.swf	操作重点	设置可见度和颜色参数

1 打开光盘提供的素材文件"2D 可见度和颜色.ezp",选择"小菊花"素材并打开"视频布局"窗口。

2 将时间线滑块调整到起始位置,选中左侧的"可见度和颜色"复选框,展开该复选框,将素材不透明度的参数设置为"30",将背景不透明度的参数设置为"50",展开"R"复选框,将鼠标指针定位到圆形滑块上,向右拖动鼠标调整背景颜色,如图 4-36 所示。

3 将时间线滑块调整到最后位置,重新将素材不透明度的参数设置为"100",将背景不透明度的参数设置为"0",单击"R"复选框右侧的"默认关键帧"按钮 ,单击 确定 按钮,如图 4-37 所示。

图 4-36 插入关键帧

图 4-37 插入关键帧

4 播放素材预览动画效果,如图 4-38 所示。

图 4-38 播放素材

7. 边缘

2D 边缘动画可为素材添加边框效果,并能设置边框的粗细变化和颜色变化的。要想得到边框动画,需保证素材的大小适当小于播放窗口的大小。另外,对于边缘参数的设置,除了可在参数设置区设置以外,还可在布局效果区设置。

下面以设置素材边框并调整不同颜色为例,熟悉 2D 边框动画的制作方法。

实例 4-9——制作 2D 边缘动画

素材文件	素材\第 4 章\2D 边框.ezp	效果文件	效果\第 4 章\2D 边框.ezp
视频文件	视频\第 4 章\4-9.swf	操作重点	设置边缘参数

　　1 打开光盘提供的素材文件"2D 边框.ezp",选择"路灯"素材并打开"视频布局"窗口。

　　2 将时间线滑块调整到起始位置,在布局效果区中选择"边缘"复选框,然后在参数设置区中拖动垂直滚动条到最底端,在"边缘"栏选中"颜色"复选框和"圆角"复选框,然后单击右侧的颜色标记,如图 4-39 所示。

　　3 打开"色彩选择"对话框,在右侧选择"黄色"选项,单击 确定 按钮,如图 4-40 所示。

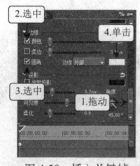
图 4-39　插入关键帧

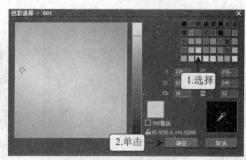
图 4-40　选择颜色

　　4 将时间线滑块调整到最后位置,在参数设置区的"边缘"栏中的"颜色"复选框右侧输入"10",确认设置,如图 4-41 所示。

　　5 播放素材预览动画效果,如图 4-42 所示。

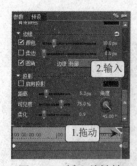
图 4-41　插入关键帧

图 4-42　播放素材

4.3.2　3D 变换设置

　　在视频布局窗口的预览区中选择 3D 模式后可进行素材的 3D 变换设置,主要效果包括轴心、位置、伸展、旋转、透视、可见度和颜色等。

　　1. 轴心

　　3D 轴心动画与 2D 轴心动画相比,可以调整 3 个方向的轴心位置,从而使动画效果更为逼真。

下面以设置素材从大到小，且从左上方到中央移动的动画为例，介绍 3D 轴心动画的制作方法。

 实例 4-10——制作 3D 轴心动画

素材文件	素材\第 4 章\3D 轴心.ezp	效果文件	效果\第 4 章\3D 轴心.ezp
视频文件	视频\第 4 章\4-10.swf	操作重点	设置轴心参数

1 打开光盘提供的素材文件"3D 轴心.ezp"，选择"黑天鹅"素材并打开"视频布局"窗口，在"变换"选项卡中单击"3D 模式"按钮 切换到 3D 设置界面。

2 将时间线滑块调整到起始位置，选中左侧的"轴心"复选框，展开该复选框，将"X"、"Y"和"Z"的参数分别设置为"22"、"15"和"100"，如图 4-43 所示。

3 将时间线滑块调整到最后位置，重新将"X"、"Y"和"Z"的参数均设置为"0"，单击 确定 按钮，如图 4-44 所示。

图 4-43 插入关键帧

图 4-44 插入关键帧

4 播放素材预览动画效果，如图 4-45 所示。

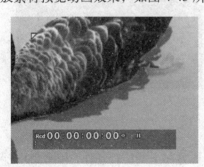

图 4-45 播放素材

2. 位置

3D 位置动画除了可以得到 2D 位置动画的效果外，还可在移动过程中逐步缩小或放大素材，得到更生动的动态效果。

下面以设置素材从左下方到中央移动且逐步放大的效果为例，介绍 3D 位置动画的制作方法。

实例 4-11 制作 3D 位置动画

素材文件	素材\第 4 章\3D 位置.ezp	效果文件	效果\第 4 章\3D 位置.ezp
视频文件	视频\第 4 章\4-11.swf	操作重点	设置位置参数

1 打开光盘提供的素材文件"3D 位置.ezp",选择"花朵"素材并打开"视频布局"窗口,在"变换"选项卡中单击"3D 模式"按钮 **⬛3D** 切换到 3D 设置界面。

2 将时间线滑块调整到起始位置,选中左侧的"位置"复选框,展开该复选框,将"X"、"Y"和"Z"的参数分别设置为"-100"、"100"和"100",如图 4-46 所示。

3 将时间线滑块调整到最后位置,重新将"X"、"Y"和"Z"的参数分别设置为"0"、"0"和"-70",单击 **确定** 按钮,如图 4-47 所示。

图 4-46 插入关键帧

图 4-47 插入关键帧

4 播放素材预览动画效果,如图 4-48 所示。

图 4-48 播放素材

3. 旋转

3D 旋转动画可以同时实现在 X、Y 和 Z 坐标方向上的旋转动作,相比 2D 在两个方向的旋转而言,3D 旋转还能得到滚动翻转的效果。

下面以设置素材的翻转为例,学习 3D 旋转动画的制作方法。

 实例 4-12——制作 3D 旋转动画

素材文件	素材\第 4 章\3D 旋转.ezp	效果文件	效果\第 4 章\3D 旋转.ezp
视频文件	视频\第 4 章\4-12.swf	操作重点	设置旋转参数

1 打开光盘提供的素材文件"3D 旋转.ezp",选择"香囊"素材并打开"视频布局"窗口,在"变换"选项卡中单击"3D 模式"按钮 **⬛3D** 切换到 3D 设置界面。

2 将时间线滑块调整到起始位置，选中左侧的"旋转"复选框，展开该复选框，将"X"、"Y"和"Z"的参数均设置为"180"，如图 4-49 所示。

3 将时间线滑块调整到最后位置，重新将"X"、"Y"和"Z"的参数均设置为"0"，单击 确定 按钮，如图 4-50 所示。

图 4-49 插入关键帧

图 4-50 插入关键帧

4 播放素材预览动画效果，如图 4-51 所示。

图 4-51 播放素材

在"视频布局"对话框中设置好某个变换参数后，如 3D 旋转，若以后经常使用该参数，可在该对话框的左侧下方单击 存为默认 按钮，将其存为默认的属性设置。

4. 透视

3D 透视动画可以得到逼真的动画效果，但该动画需结合其他动画使用。

下面以设置素材的翻转和透视效果为例，学习 3D 透视动画的制作方法。

实例 4-13——制作 3D 透视动画

素材文件	素材\第 4 章\3D 透视.ezp	效果文件	效果\第 4 章\3D 透视.ezp
视频文件	视频\第 4 章\4-13.swf	操作重点	设置透视参数

1 打开光盘提供的素材文件"3D 透视.ezp"，选择"壁画"素材并打开"视频布局"窗口，在"变换"选项卡中单击"3D 模式"按钮 **3D** 切换到 3D 设置界面。

2 将时间线滑块调整到起始位置，选中左侧的"旋转"复选框，展开该复选框，将"Y"的参数设置为"180"，继续选中"透视"复选框，将其参数设置为"1"，如图 4-52 所示。

3 将时间线滑块调整到最后位置，重新将"旋转"复选框下的"Y"复选框的参数设置

为"0"，单击 确定 按钮，如图 4-53 所示。

图 4-52　插入关键帧

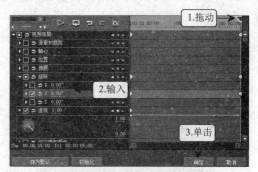
图 4-53　插入关键帧

4 播放素材预览动画效果，如图 4-54 所示。

图 4-54　播放素材

4.4　视频布局的预设管理

应用视频布局不仅可直接应用系统预设的 4 种默认的视频布局，还可应用用户自己创建的视频布局。

4.4.1　预设视频布局的应用

EDIUS 7 提供有默认、匹配高度、匹配宽度和原始尺寸四种视频布局预设。在视频布局窗口的参数设置区，单击"预设"选项卡后便可进入视频布局预设界面，选择某一预设选项后单击 应用 按钮，或双击某一预设选项即可将其应用到当前素材中，如图 4-55 所示。

图 4-55　设置匹配高度预设

4.4.2　新建视频布局预设

如果经常需要使用相同的视频布局效果，则可以将布局保存为预设的参数，然后快速应用于素材中，避免了每次都进行相同设置的麻烦。

新建视频布局预设的方法为：单击"新建"按钮，在打开的对话框中单击 是(Y) 按钮，然后在"预设名称"对话框中设置该预设的名称和注释后，单击 确定 按钮即可。

下面以设置素材翻转的预设为例，介绍视频布局预设参数的创建方法。

实例 4-14——创建预设参数

素材文件	素材\第 4 章\预设.ezp	效果文件	效果\第 4 章\预设.ezp
视频文件	视频\第 4 章\4-14.swf	操作重点	设置预设参数

1 打开光盘提供的素材文件"预设.ezp"，选择"大树"素材并打开"视频布局"对话框，在"变换"选项卡中单击"3D 模式"按钮切换到 3D 设置界面。

2 将时间线滑块调整到起始位置，展开"旋转"复选框，选中其下的"Y"复选框，并将其参数设置为"180"，如图 4-56 所示。

3 单击"预设"选项卡，然后单击"新建"按钮，打开"视频布局"对话框，直接单击 是(Y) 按钮，如图 4-57 所示。

图 4-56 插入关键帧

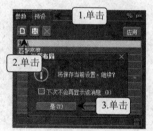

图 4-57 保存设置

4 打开"预设名称"对话框，在"预设"文本框中输入"水平翻转"，在"注释"文本框中输入"3D 变换"，单击 确定 按钮，最终效果如图 4-58 所示。

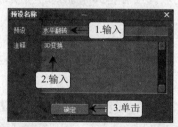

图 4-58 设置名称和注释

 单击"预设"选项卡中的"保存"按钮，可将设置好的视频布局进行保存，设置方法与新建视频布局预设的方法相同。

4.4.3 删除视频布局预设

在"预设"选项卡中选中需要删除的视频布局预设选项后，单击"删除"按钮，在打开的"预设"对话框中单击 是(Y) 即可，如图 4-59 所示。

图 4-59　删除视频布局预设

4.5　上机实训——制作"枫叶"动感相册

下面利用综合范例熟悉并巩固色块的创建、素材的裁剪以及各种动画效果的添加，本实训的效果如图 4-60 所示。

素材文件	素材\第 4 章\01.jpg、02.jpg、03.jpg……	效果文件	效果\第 4 章\枫叶.ezp
视频文件	视频\第 4 章\4-15-1.swf、4-15-2.swf……	操作重点	设置 2D 变换、设置 3D 变换

 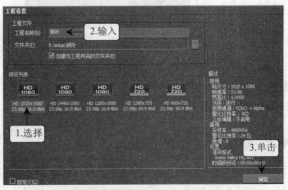

图 4-60　播放素材

1. 新建色块

下面首先新建工程文件，然后添加橙色色块，接着将其添加到时间线轨道上并调整持续时间。

1　启动 EDIUS 7，在打开的"初始化工程"对话框中单击 新建工程(N) 按钮，如图 4-61 所示。

2　打开"工程设置"对话框，在"预设列表"列表框中选择"HD 1920×1080"选项，在"工程名称"文本框中输入"枫叶"，单击 确定 按钮，如图 4-62 所示。

图 4-61　新建工程　　　　　图 4-62　选择预设并输入名称

3 新建工程后，在"素材库"面板中单击▣按钮，在弹出的下拉菜单中选择"色块"命令，如图4-63所示。

4 打开"色块"对话框，单击第一个黑色色块，如图4-64所示。

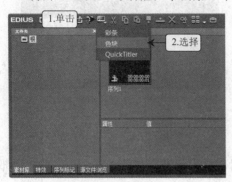

图4-63 新建色块　　　　　　图4-64 设置色块颜色

5 打开"色彩选择"对话框，单击右上方的橙色色块，然后单击 确定 按钮，如图4-65所示。

6 返回"色块"对话框，单击 确定 按钮，如图4-66所示。

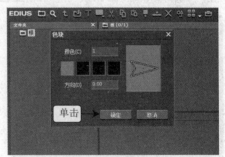

图4-65 选择颜色　　　　　　图4-66 确认设置

7 将新建的色块添加到"视音频1"轨道中，单击"组/链接模式"按钮◙，如图4-67所示。

8 框选所有音频部分，按【Delete】键删除，如图4-68所示。

图4-67 解组素材　　　　　　图4-68 删除音频部分

9 在素材上单击鼠标右键，在弹出的快捷菜单中选择"持续时间"命令，如图4-69所示。

10 打开"持续时间"对话框,将持续时间设置为"45 秒",单击 确定 按钮,如图 4-70 所示。

图 4-69 设置持续时间

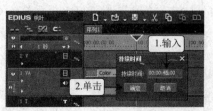

图 4-70 设置时间长度

2. 编辑素材

下面将提供的素材添加到 EDIUS 7 中,然后对部分素材进行裁剪设置,并适当调整部分素材的大小和位置。

1 在"素材库"面板中单击鼠标右键,在弹出的快捷菜单中选择"添加文件"命令,如图 4-70 所示。

2 打开"打开"对话框,在"路径"下拉列表框中选择路径所在的位置,在下方列表框中选择"01-09.jpg"图像素材,单击 打开(O) 按钮,如图 4-72 所示。

图 4-71 导入素材

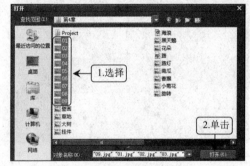

图 4-72 打开素材

3 将所有导入的素材全部添加到"视频 2"轨道上,效果如图 4-73 所示。

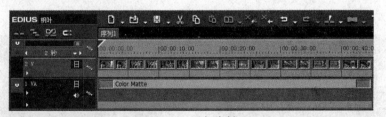

图 4-73 添加素材

4 选择"04"素材并按【F7】键打开"视频布局"窗口,单击"裁剪"选项卡,拖动预览区中左右两侧的中间控制点到适当位置,确认设置,如图 4-74 所示。

5 选择"06"素材并打开"视频布局"窗口,单击"变换"选项卡,拖动左上角的控制点,增加素材的尺寸,如图 4-75 所示。

6 将鼠标指针移动到素材中间,当其变为十字光标形状时,适当向右下方拖动素材,调整其显示位置,然后确认设置,如图 4-76 所示。

图 4-74　裁剪素材　　　　　　　图 4-75　调整大小　　　　　　　图 4-76　调整位置

3. 添加动画

下面将分别为每个素材制作各种 2D 和 3D 动画效果。

1　选择 "01" 素材并打开 "视频布局" 窗口，将时间线滑块调整到起始位置，选中左侧的 "可见度和颜色" 复选框，展开该复选框，将素材不透明度的参数设置为 "0"，如图 4-77 所示。

2　将时间线滑块调整到最后位置，重新将素材不透明度的参数设置为 "100"，单击 确定 按钮，如图 4-78 所示。

图 4-77　设置起始不透明度　　　　　　　　图 4-78　设置结束不透明度

3　选择 "02" 素材后打开 "视频布局" 窗口，将时间线滑块调整到起始位置，选中 "轴心" 复选框，展开该复选框，将 "X" 复选框的参数设置为 "100"，如图 4-79 所示。

4　将时间线滑块调整到最后位置，重新将 "X" 的参数设置为 "0"，单击 确定 按钮，如图 4-80 所示。

图 4-79　设置起始轴心　　　　　　　　　图 4-80　设置结束轴心

5　选择 "03" 素材并打开 "视频布局" 窗口，将时间线滑块调整到起始位置，选中左侧的 "旋转" 复选框，将其参数设置为 "-180"，如图 4-81 所示。

6　将时间线滑块调整到最后位置，重新将 "旋转" 参数设置为 "0"，单击 确定 按钮，如图 4-82 所示。

图 4-81　设置起始角度

图 4-82　设置结束角度

7　选择"04"素材，在"视频布局"窗口，将时间线滑块调整到起始位置，选中"伸展"复选框，将"X"的参数设置为"75"，"Y"参数自动调整，如图 4-83 所示。

8　将时间线滑块调整到最后位置，重新将"X"的参数设置为"120"，单击 确定 按钮，如图 4-84 所示。

图 4-83　设置起始伸展度

图 4-84　设置结束伸展度

9　选择"05"素材并打开"视频布局"窗口，将时间线滑块调整到起始位置，选中"源素材裁剪"复选框，将"底"复选框的参数设置为"100"，如图 4-85 所示。

10　将时间线滑块调整到最后位置，重新将"底"复选框的参数设置为"0"，单击 确定 按钮，如图 4-86 所示。

图 4-85　设置起始裁剪范围

图 4-86　设置结束裁剪范围

11　选择"06"素材，在"视频布局"窗口中单击"3D 模式"按钮 ，将时间线滑块调整到起始位置，选中"旋转"复选框，将"X"参数设置为"180"，如图 4-87 所示。

12　将时间线滑块调整到最后位置，重新将"X"复选框的参数设置为"0"，单击 确定 按钮，如图 4-88 所示。

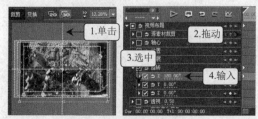
图 4-87　设置起始旋转角度

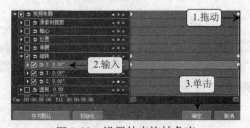
图 4-88　设置结束旋转角度

13 选择"07"素材并打开"视频布局"窗口，单击"3D 模式"按钮 🔳，将时间线滑块调整到起始位置，选中"轴心"复选框后将"Z"设置为"150"，如图 4-89 所示。

14 将时间线滑块调整到最后位置，重新将"Z"复选框的参数设置为"0"，单击 确定 按钮，如图 4-90 所示。

图 4-89　设置起始轴心　　　　　　　　　图 4-90　设置结束轴心

15 选择"08"素材并打开"视频布局"窗口，单击"3D 模式"按钮 🔳，将时间线滑块调整到起始位置，选中左侧的"位置"复选框，将"Y"和"Z"复选框的参数均设置为"100"，如图 4-91 所示。

16 将时间线滑块调整到最后位置，重新将"Y"和"Z"复选框的参数均设置为"0"，单击 确定 按钮，如图 4-92 所示。

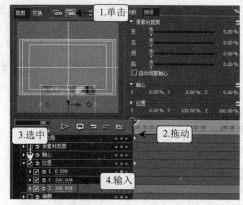

图 4-91　设置起始位置　　　　　　　　　图 4-92　设置结束位置

17 选择"09"素材并打开"视频布局"窗口，单击"3D 模式"按钮 🔳，将时间线滑块调整到起始位置，选中左侧的"旋转"复选框下的"X"复选框，将其参数设置为"180"。然后选中"透视"复选框，将其参数设置为"1"，如图 4-93 所示。

18 将时间线滑块调整到最后位置，重新将"旋转"复选框下的"X"复选框的参数设置为"0"，单击 确定 按钮，完成所有的操作，如图 4-94 所示。

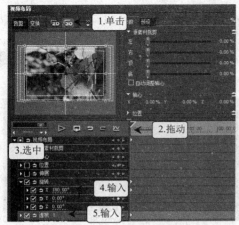 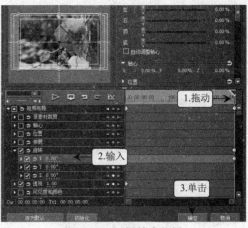

图 4-93　设置起始位置　　　　图 4-94　设置结束位置

4.6　本章小结

本章重点介绍了如何使用 EDIUS 7 中的视频布局功能，主要包括素材的裁剪，素材大小和位置的调整，各种 2D 动画和 3D 动画效果的制作等内容。

其中，对于 EDIUS 7 的视频布局窗口的组成需要适当了解，对于素材的裁剪和各种 2D、3D 动画效果的制作需要重点掌握。另外，视频布局的预设管理可适当熟悉，以便在实际工作中可以提高编辑效率。

4.7　疑难解答

1. 问：在视频布局窗口的布局效果区中，效果参数后面的■按钮有什么作用？

答：该按钮称为"添加/删除关键帧"按钮，其作用是：当前位置若没有关键帧时单击该按钮，会添加关键帧；若已有关键帧，单击该按钮则会删除现有的关键帧。

2. 问：在视频布局窗口的按钮区中■初始化■按钮有什么作用？

答：单击■初始化■按钮可将素材应用的所有的设置撤销，使其恢复为初始状态。

3. 问：在调整视频布局时若出现误操作，怎么撤销？

答：在调整视频布局时，按【Ctrl+Z】键可撤销最近一步操作；按【Ctrl+Y】键可恢复撤销的一步操作。

4. 问：在调整视频布局时插入的关键帧只能出现在起始位置和结束位置吗？

答：不是。除了在素材的起始和结束位置设置视频布局外，在素材的任意位置都可插入关键帧，如在视频布局窗口的时间线区中将时间线指针拖动到 2 秒，然后在左侧布局效果区中选中参数后，更改参数数值即可在 2 秒处插入关键帧，如图 4-95 所示。

 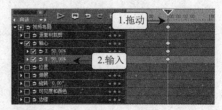

图 4-95　插入关键帧

4.8 习题

1. 为"01.ezp"工程文件（素材\第 4 章\课后练习\01.ezp）中的素材应用"2D 伸展"动画，其中起始位置伸展"100%"，第 4 秒钟伸展"60%"，设置完成后播放效果如图 4-96 所示。（效果\第 4 章\课后练习\01.ezp）。

图 4-96　播放素材

2. 为"02.ezp"工程文件（素材\第 4 章\课后练习\02.ezp）中的素材应用"2D 轴心"动画，其中起始位置 Y 方向"0%"，第 1 秒钟 Y 方向"20%"，第 3 秒钟 Y 方向"-20%"，最后位置 Y 方向"0%"，设置完成后播放效果如图 4-97 所示。（效果\第 4 章\课后练习\02.ezp）。

图 4-97　播放素材

3. 为"03.ezp"工程文件（素材\第 4 章\课后练习\03.ezp）中的素材应用"3D 轴心"动画，其中起始位置 X、Y、Z 方向都为"0%"，第 2 秒钟 X、Y、Z 方向分别为"-10%"、"-10%"、"150%"，第 4 秒钟 X、Y、Z 方向分别为"20%"、"0%"、"100%"，最后位置 X、Y、Z 方向都为"0%"，并将此种视频布局预设存储为"拉镜头"预设，设置完成后播放效果如图 4-98 所示。（效果\第 4 章\课后练习\03.ezp）。

图 4-98　播放素材

4. 为"04.ezp"工程文件（素材\第 4 章\课后练习\04.ezp）中的素材应用"2D 源素材裁剪"动画，其中起始位置设置"顶"为"100%"，第 5 秒钟的"顶"为"0%"，设置完成后播放效果如图 4-99 所示。（效果\第 4 章\课后练习\04.ezp）。

图 4-99　播放素材

第5章 字幕素材的应用

字幕是视频编辑中不可或缺的组成部分，它不仅能清晰地说明视频内容，还能使视频传递给人们的各种信息或氛围得到放大。EDIUS 7 提供了强大的字幕创建和编辑功能，除了普通的文本以外，还包括各种效果的图形，可以极大地丰富视频内容。本章将详细介绍字幕和图形的各种创建与编辑方法。

 学习要点

➢ 了解 Quick Titler 窗口的组成
➢ 掌握字幕的创建和编辑操作

5.1 Quick Titler 窗口的组成

Quick Titler 窗口即为 EDIUS 7 的字幕窗口，在其中可创建并设置出各种丰富多彩的字幕内容。在素材库窗口上方的工具栏中单击"添加字幕"按钮▣或按【Ctrl+T】键便可打开 Quick Titler 窗口，它主要由标题栏、菜单栏、工具栏、工具箱、字幕编辑区、"样式"列表框、背景属性区以及文本属性区等部分组成，如图 5-1 所示。

图 5-1　Quick Titler 窗口界面

1. 标题栏

标题栏位于界面的最上方，主要用于显示当前字幕文件的名称和控制窗口的最小化、最大化和关闭等操作。单击左侧的"文字"按钮▣，在弹出的下拉菜单中选择相应的命令即可实现对窗口的各种控制操作，如图 5-2 所示。单击标题栏右侧的"最小化"按钮▬、"最大化"按钮▢和"关闭"按钮✕也可执行相应的最小化、最大化和关闭窗口操作，如图 5-3 所示。

图 5-2　关闭窗口　　　　　　　　　图 5-3　最小化窗口

2. 菜单栏

菜单栏位于标题栏下方，其中集合了 Quick Titler 的所有操作。单击相应的菜单项，可在弹出的下拉菜单中选择命令来执行操作。

3. 工具栏

工具栏位于菜单栏下方，主要将一些常用的命令以按钮的方式归集在一起，以便快速使用。单击相应的按钮即可执行对应的操作。另外，拖动工具栏左侧的垂直白色虚线可改变工具栏的位置，如图 5-4 所示。

图 5-4　移动工具栏位置

4. 工具箱

工具箱在界面的最左侧，主要用于各种字幕对象的创建、选择和管理等，如选择对象、创建横向文本、创建纵向文本、创建图像以及创建几何图形等。单击相应的工具按钮后，即可在字幕编辑区中使用。

5. 字幕编辑区

字幕编辑区位于工具箱右侧，是创建和编辑字幕时最常用和最重要的组成部分之一。字幕编辑区中，当前显示的背景即时间线上指针所在位置对应的素材内容。

6. 背景属性区

背景属性区是选择文本工具后显示的参数区域，名为"背景属性"，主要用于设置静止字幕或动态字幕，设置好后即可在字幕编辑区中创建字幕。背景属性区中各参数如图 5-5 所示。

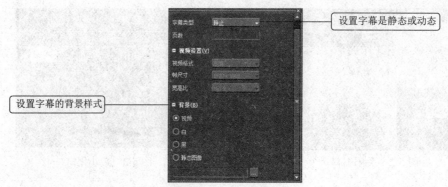

图 5-5　背景属性区

7. 样式列表框

"样式"列表框位于界面最下方，其中预设了多种字幕样式，选中文本或图形图像后，双击某种样式选项即可将其应用到所选对象中，如图 5-6 所示。

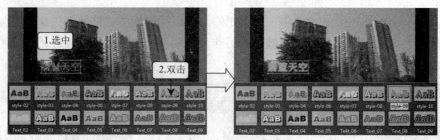

图 5-6　应用样式

5.2　创建并编辑字幕

下面将介绍在 Quick Titler 窗口中进行字幕的各种编辑操作的方法，包括管理字幕文件、创建字幕、更改字幕样式、编辑字幕样式以及设置字幕格式等内容。

5.2.1　字幕类型概述

EDIUS 7 中创建的字幕主要包括静止、滚动和爬动三种类型。

（1）**静止字幕**：静止字幕是指字幕为静态的，固定在某一位置而不发生任何变化。

（2）**滚动字幕**：滚动字幕是指视频在播放时，字幕沿垂直方向移动，分为从上到下和从下到上两种，如图 5-7 所示。

图 5-7　播放滚动字幕

（3）**爬动字幕**：爬动字幕是指视频在播放时，字幕沿水平方向移动，分为从左到右和从右到左两种，如图 5-8 所示。

图 5-8 播放爬动字幕

5.2.2 管理字幕文件

字幕文件是指 Quick Titler 生成的文件，该文件可保存到电脑硬盘或添加到素材库中，以便实现电脑之间的共享和将其添加到时间线上进行编辑，同时也能在 Quick Titler 窗口中进行新建、保存等管理。

1. 新建字幕文件

当需要新的字幕素材时，可以通过新建字幕文件来创建，其方法为：在菜单栏中选择【文件】/【新建】菜单命令，如图 5-9 所示；或直接单击工具栏中的"文件"按钮，如图 5-10 所示。

图 5-9 通过菜单命令新建字幕文件

图 5-10 通过工具按钮新建字幕文件

2. 保存字幕文件

当创建好字幕文件后，需要将其保存才能作为字幕素材使用，其方法为：在 Quick Titler 窗口中选择【文件】/【保存】菜单命令，如图 5-11 所示；或直接单击工具栏中的"保存"按钮，如图 5-12 所示。

图 5-11 通过菜单命令保存字幕文件

图 5-12 通过工具按钮保存字幕文件

直接保存的字幕文件将会自动存储在默认的文件夹中，并且字幕文件名也为默认名称，若想将新建字幕存储在其他路径或重新设置文件名称，可选择【文件】/【另存为】菜单命令，在打开的"另存为"对话框中设置，完成后单击 保存(S) 按钮即可。

3. 打开字幕文件

在 Quick Titler 窗口中选择【文件】/【打开】菜单命令，在"打开"对话框中选择字幕文件，单击 打开(O) 按钮即可，如图 5-13 所示。

图 5-13 打开字幕文件

下面以打开"字幕"文件，然后将其另存为"常用字幕"文件为例，介绍打开和另存字幕的方法。

 实例 5-1——打开与另存字幕文件

素材文件	素材\第 5 章\字幕.etl	视频文件	视频\第 5 章\5-1.swf
效果文件	效果\第 5 章\常用字幕.etl	操作重点	打开字幕文件、另存字幕文件

1 启动 EDIUS 7，在素材库窗口上方的工具栏中单击"添加字幕"按钮 **T**，如图 5-14 所示。

2 打开 Quick Titler 窗口，在其工具栏中选择【文件】/【打开】菜单命令，如图 5-15 所示。

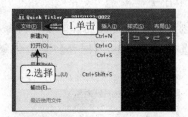

图 5-14 打开字幕窗口   图 5-15 打开文件

3 在打开的"打开"对话框中选择字幕文件的保存路径，然后选择"字幕"文件，单击 打开(O) 按钮，如图 5-16 所示。

4 返回 Quick Titler 窗口，选择【文件】/【另存为】菜单命令，如图 5-17 所示。

5 在打开的"另存为"对话框中设置字幕文件的保存路径，在"文件名"下拉列表框中输入"常用字幕"，单击 保存(S) 按钮，如图 5-18 所示。

6 返回"素材库"面板中选中刚创建的字幕素材，如图 5-19 所示。

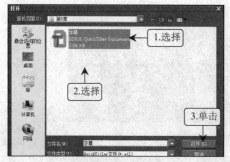

图 5-16 选择文件

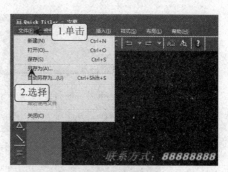

图 5-17 另存文件

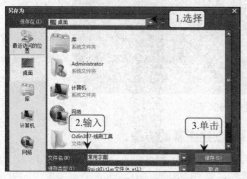

图 5-18 设置路径和文件名

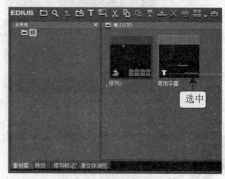

图 5-19 选中素材

7 将其拖动到时间线轨道的字幕轨道中，如图 5-20 所示。

8 播放该字幕效果，如图 5-21 所示。

图 5-20 添加字幕素材到时间线轨道

图 5-21 播放效果

5.2.3 创建字幕

创建字幕与创建字幕文件不同，创建字幕是指在字幕文件中输入文本、绘制图形等操作；字幕文件则是字幕的载体，没有字幕文件，便无法使用字幕素材。

创建字幕的一般流程为：在工具箱中选择某种文本工具，然后在背景属性区选择字幕类型，在"样式"列表框中选择样式，最后再创建字幕。

在 Quick Titler 窗口可创建横向和纵向两种排列方式文本，其方法分别如下。

（1）创建横向文本：单击工具箱中的"横向文本"按钮 T，在字幕编辑区适当位置单击鼠标，定位插入点后输入文本即可，如图 5-22 所示。

（2）创建纵向文本：在工具箱中的"横向文本"按钮 T 上按住鼠标左键不放，在弹出的按钮选项中选择"纵向文本"按钮 T，然后在字幕编辑区中输入文本即可创建纵向文本，如图 5-23 所示。

图 5-22　创建横向文本

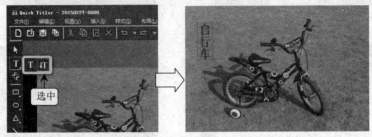

图 5-23　创建纵向文本

下面以创建"天鹅戏水"纵向文本为例，熟悉创建字幕的方法。

 实例 5-2——创建纵向文本

素材文件	素材\第 5 章\天鹅.ezp	视频文件	视频\第 5 章\5-2.swf
效果文件	效果\第 5 章\天鹅.ezp	操作重点	创建纵向文本

1 打开素材提供的"天鹅.ezp"工程，在素材库窗口上方工具栏中单击"添加字幕"按钮，打开 Quick Titler 窗口。

2 在工具箱中单击"横向文本"按钮，在右侧背景属性区的"字幕类型"下拉列表框中选择"滚动（从下）"选项，在下方"样式"列表框中选择"style-07"选项，然后将插入点定位到字幕编辑区的适当位置，如图 5-24 所示。

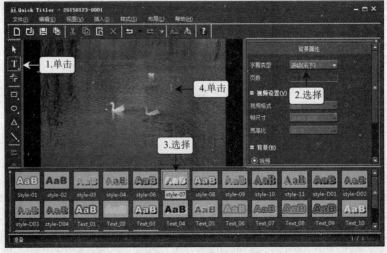

图 5-24　创建横向文本

3 输入"天鹅戏水"文本，如图 5-25 所示。

4 在文本属性区的"字体"栏中选中"纵向"单选项，如图 5-26 所示。

图 5-25 输入文本

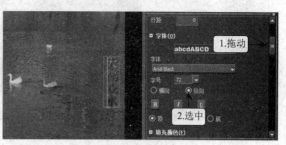

图 5-26 设置纵向文本

5 在工具栏中单击"保存"按钮，如图 5-27 所示。

6 在轨道面板中单击"设置波纹模式"按钮 取消波纹模式，如图 5-28 所示。

图 5-27 保存字幕文件

图 5-28 取消波纹模式

7 在"素材库"面板中拖动刚创建的字幕素材到"字幕 1"时间线轨道上，如图 5-29 所示。

8 按空格键播放素材，在预览窗口中查看添加的字幕素材效果，如图 5-30 所示。

图 5-29 添加字幕

图 5-30 播放素材

5.2.4 更改字幕样式

在实际工作中，常会遇到字幕的样式与背景不匹配的情况，这时可通过快速设置的方式直接更改字幕样式，避免了重新输入文本的麻烦。

除直接双击字幕样式更改外，常用的字幕样式更改方法还有以下两种。

（1）**在字幕上更改**：在"样式"列表框中选择需要的样式选项，然后在字幕上单击鼠标右键，在弹出的快捷菜单中选择【样式】/【应用样式】命令，如图 5-31 所示。

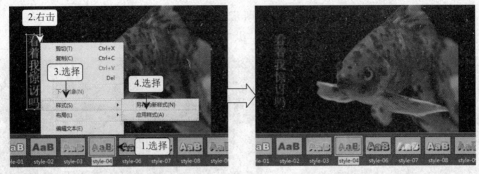

图 5-31　更改字幕样式

（2）**在样式上更改**：首先选中需要更改的字幕，然后在某个样式选项上单击鼠标右键，在弹出的快捷菜单中选择"应用样式"命令，如图 5-32 所示。

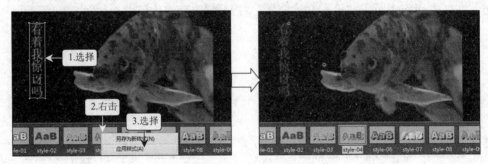

图 5-32　更改字幕样式

5.2.5　编辑字幕

编辑字幕包括移动、缩放、旋转、变形、删除、剪切与复制等操作。

1. 移动字幕

移动字幕即更改字幕在字幕编辑区的位置，其方法为：单击工具箱中的"选择对象"按钮，选中需更改位置的字幕，拖动字幕或在右侧文本属性区的"变换"栏中设置"X"和"Y"的值，如图 5-33 所示。

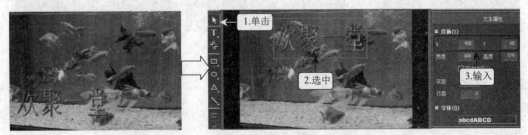

图 5-33　移动字幕

2. 缩放字幕

选中字幕后在文本属性区设置"宽度"和"高度"参数的数值即可放大或缩小字幕，如图 5-34 所示。

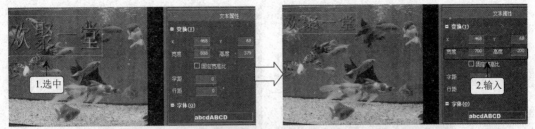

图 5-34 缩放字幕

 将鼠标指针移动到字幕文本框的任意控制点上，按住鼠标拖动也可对字幕进行缩放操作，如图 5-35 所示。按住【Shift】键拖动鼠标可等比例缩放字幕。

图 5-35 放大字幕

3. 旋转字幕

旋转字幕指调整字幕的显示角度，其方法为：选中字幕，拖动字幕中间的参考中心到适当的位置（旋转时将以此为参考点），然后按住【Ctrl】键不放，将鼠标指针移动到字幕文本框四个角的任意一个角上，拖动鼠标即可，如图 5-36 所示。

图 5-36 旋转字幕

 当鼠标指针移动到文本框的任意控制点上时，在 Quick Titler 窗口最下方会有相应的操作提示。

4. 变形字幕

变形字幕是指调整字幕在水平或垂直方向上的倾斜角度。其方法为：将鼠标指针移动到字幕文本框四条边的任意一个中间控制点上，按住【Ctrl】键不放拖动鼠标即可，如图 5-37 所示。

图 5-37 变形字幕

5. 剪切与复制字幕

EDIUS 允许在同一字幕文件或不同字幕文件中对字幕进行剪切与复制操作，其方法分别如下。

（1）**剪切字幕**：选中字幕后在工具栏中单击"剪切"按钮，在当前字幕文件中或打开其他字幕文件，然后在工具栏中单击"粘贴"按钮，可将剪切的字幕粘贴出来，如图 5-38 所示。

图 5-38 剪切字幕

（2）**复制字幕**：选中字幕后在工具栏中单击"复制"按钮，在当前字幕文件中或打开其他字幕文件，然后在工具栏中单击"粘贴"按钮，可复制出相同的字幕，如图 5-39 所示。

图 5-39 复制字幕

在工具栏中单击"撤销"按钮可将当前操作撤销，使对象恢复到未进行此操作时的状态；单击"恢复"按钮则可将已撤销的操作恢复，使对象恢复到执行操作后的状态。

6. 删除字幕

删除字幕即将字幕从字幕编辑区删除，其方法为：选中字幕后在工具栏中单击"删除"字幕或直接按【Delete】键即可，如图 5-40 所示。

图 5-40　删除字幕

在工具栏中单击"预览模式"按钮🔍，将直接在 Quick Titler 窗口中查看字幕对象在视频中播放时的效果。

5.2.6　设置字幕格式

对字幕的设置，除了一些基本简单的操作以外，还可对字幕的字距与行距、字体颜色、边缘、阴影、浮雕和模糊等效果进行更加丰富地调整。

1. 设置字距与行距

字距是指字与字之间的距离；行距是指行与行之间的距离。利用文本属性区中的"变换"栏可对字距和行距进行精确设置。

下面以更改字幕位置、大小、字距和行距为例，熟悉字幕变换设置的方法。

实例 5-3——字幕的变换设置

素材文件	素材\第 5 章\健康.ezp	视频文件	视频\第 5 章\5-3.swf
效果文件	效果\第 5 章\健康.ezp	操作重点	更改字幕位置、大小、字距和行距

1 打开光盘提供的素材文件"健康.ezp"，在"素材库"面板中双击字幕素材，如图 5-41 所示。

2 打开 Quick Titler 编辑窗口，单击工具箱中的"选择对象"按钮▶，再选中字幕文本，此时将显示"文本属性"列表框。在"变换"栏中将"X"和"Y"文本框的参数分别设置为"30"和"380"，如图 5-42 所示。

图 5-41　打开 Quick Titler 窗口

图 5-42　设置字幕位置

3 将"宽度"和"高度"文本框的参数分别设置为"450"和"80"，确定字幕的显示大小，如图 5-43 所示。

4 分别将"字距"和"行距"文本框中的参数设置为"20"和"10"，调整文字之间的距离和行与行之间的距离，如图 5-44 所示。

图 5-43　设置字幕显示大小

图 5-44　设置字幕字距和行距

5　在工具栏中单击"保存"按钮，效果如图 5-45 所示。

图 5-45　保存字幕设置

2. 设置字体格式

字体格式主要包括字体外观、字号、字形、对齐方式、颜色以及透明度等属性，其设置方法分别如下。

（1）字体：选中字幕后，在文本属性区"字体"栏的"字体"下拉列表框中选择的相应的字体即可将其更改，如图 5-46 所示。

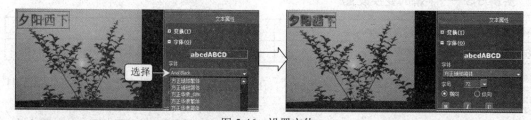

图 5-46　设置字体

（2）字号：选中字幕后，在"字体"栏的"字号"下拉列表框中选择相应的字号大小或直接输入数字，如图 5-47 所示。

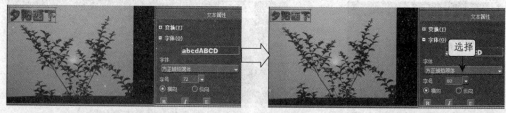

图 5-47　设置字号

（3）加粗：选中字幕后，在"字体"栏中单击"加粗"按钮可将字体加粗，如图 5-48 所示。

（4）倾斜：选中字幕后，在"字体"栏中单击"倾斜"按钮可将字体倾斜，如图 5-49 所示。

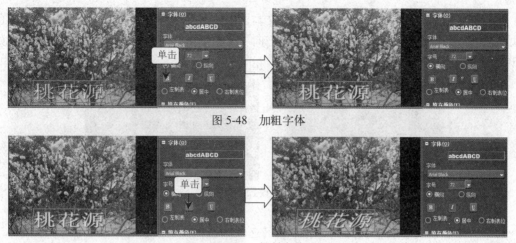

图 5-48　加粗字体

图 5-49　倾斜字体

（5）**下划线**：选中字幕后在"字体"栏中单击"下划线"按钮可为字体添加下划线，如图 5-50 所示。

图 5-50　添加下划线

（6）**左制表、居中和右制表位**：当字幕文本为多行时，在文本属性区中选中相应的单选项可分别对文本进行左对齐、居中和右对齐设置，如图 5-51 所示。

图 5-51　设置对齐方式

（7）**颜色**：选中字幕后，在"填充颜色"栏中单击"颜色"文本框下方第一个颜色方块，在打开的"色彩选择"对话框中选择颜色或输入颜色参数，即可对字幕进行单一颜色的填充设置，如图 5-52 所示。

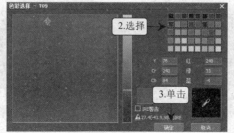

图 5-52　填充字幕颜色

(8) 渐变色：在"填充颜色"栏的颜色文本框中输入渐变色的个数，然后在下方的颜色方块中依次选择渐变颜色即可。另外，在"方向"文本框中还可设置渐变色的渐变方向，如图 5-53 所示。

图 5-53 设置渐变色

 如果在渐变色块中设置了 5 种不同的色块颜色，但在"颜色"文本框中却只输入了数字"4"，那么，对象软件将自动从左到右依次应用前 4 个颜色，达到渐变色的效果。

(9) 透明度：在"填充颜色"栏的"透明度"文本框中输入数字，或拖动透明度滑块可调整字幕的透明效果，如图 5-54 所示。

图 5-54 设置透明度

下面以为字幕设置 4 种渐变颜色为例，介绍字幕设置渐变色的使用方法。

 实例 5-4——为字幕设置渐变色效果

素材文件	素材\第 5 章\楼房.ezp	视频文件	视频\第 5 章\5-4.swf
效果文件	效果\第 5 章\楼房.ezp	操作重点	设置字号、加粗字体、设置渐变色

1 打开光盘提供的素材文件"楼房.ezp"，双击字幕素材打开 Quick Titler 编辑窗口，选择字幕对象，在文本属性区"字体"栏的"字号"下拉列表框中选择"72"选项，单击"加粗"按钮 **B**，如图 5-55 所示。

2 在"填充颜色"栏中单击第 1 个色块，如图 5-56 所示。

图 5-55 设置字号和加粗字体　　　　　　图 5-56 设置颜色

3 打开"色彩选择"对话框，单击右上方第 1 行第 4 列对应的色块，单击 确定 按钮，如图 5-57 所示。

4 返回 Quick Titler 编辑窗口，单击第 2 个色块，如图 5-58 所示。

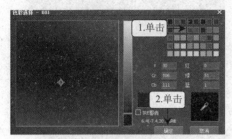

图 5-57　选择颜色

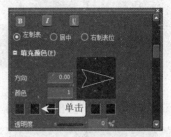

图 5-58　设置颜色

5 打开"色彩选择"对话框，单击右上方第 2 行第 4 列对应的色块，单击 确定 按钮，如图 5-59 所示。

6 按相同方法为第 3 个和第 4 个色块设置"色彩选择"对话框中第 3 行第 4 列和第 4 行第 4 列对应的颜色，如图 5-60 所示。

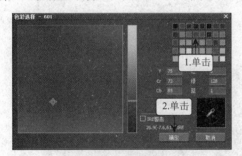

图 5-59　选择颜色

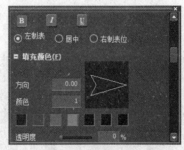

图 5-60　设置颜色

7 在"颜色"文本框中将参数设置为"4"，在"方向"文本框中将参数设置为"145"，如图 5-61 所示。

8 在工具栏中单击"保存"按钮，预览设置填充颜色后的素材效果，如图 5-62 所示。

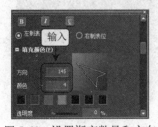

图 5-61　设置渐变数量和方向

图 5-62　保存字幕素材

3. 设置字幕边缘效果

边缘效果即边框颜色，为字幕设置合理的边框颜色，可以使字幕更加突出地显示在视频中，不仅能美化字幕，还能方便阅读。

在文本属性区的"边框"栏中可设置边缘的宽度、柔化程度、渐变方向与数量和透明度等参数。

(1) 宽度：宽度分为实边宽度和柔边宽度两种，实边宽度是指边缘的实际宽度，如图 5-63

所示；柔边宽度是指在实际宽度以外的柔化宽度，如图 5-64 所示。

图 5-63　设置实边宽度　　　　　　　　　　图 5-64　设置柔边宽度

（2）**渐变方向**：在"方向"文本框中可设置边缘渐变颜色的方向，如图 5-65 所示。

图 5-65　设置渐变的方向

（3）**渐变颜色**：在"颜色"文本框中可设置渐变颜色的数量，在下方色块中可设置每个渐变色的颜色，如图 5-66 所示。

图 5-66　设置渐变色和数量

（4）**透明度**：在"透明度"文本框中可通过输入数字设置边缘的透明度，或直接拖动透明度滑块设置，如图 5-67 所示。

图 5-67　设置边缘透明度

下面以为字幕设置渐变边缘颜色为例，掌握字幕边缘颜色的设置方法。

 实例 5-5——设置字幕边缘效果

素材文件	素材\第 5 章\胶片.ezp	视频文件	视频\第 5 章\5-5.swf
效果文件	效果\第 5 章\胶片.ezp	操作重点	设置字幕边缘效果

1　打开光盘提供的素材文件"胶片.ezp"，双击字幕素材打开 Quick Titler 编辑窗口，选

择字幕对象，选中"边缘"复选框，将实边宽度、柔边宽度分别设置为"5"和"25"，单击下方第 1 个色块，如图 5-68 所示。

2　打开"色彩选择"对话框，单击右上方最后 1 行第 3 列对应的色块，单击 [确定] 按钮，如图 5-69 所示。

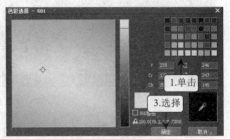

图 5-68　设置边缘宽度　　　　　　　　　　图 5-69　设置边缘颜色

3　在"颜色"文本框中将参数设置为"2"，在"方向"文本框中将参数设置为"45"，如图 5-70 所示。

4　保存该字幕素材后预览设置边缘颜色的素材效果如图 5-71 所示。

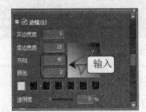

图 5-70　设置颜色数量和方向　　　　　　　图 5-71　预览素材

4. 设置字幕阴影效果

为字幕添加阴影效果可使字幕变得更加立体并有层次感。在文本属性区选中"阴影"复选框后可在其栏下设置阴影部分的实边宽度、柔边宽度、颜色、渐变方向、透明度以及阴影的偏移距离等。

（1）**实边宽度**：实边宽度是指阴影的实际宽度，应用后的效果如图 5-72 所示。

图 5-72　设置阴影的实边宽度

（2）**柔边宽度**：柔边宽度是指在实际的阴影宽度以外的柔化宽度，如图 5-73 所示。

图 5-73　设置阴影的柔边宽度

（3）**颜色**：在"颜色"文本框中可设置阴影渐变颜色的数量，在下方色块中可设置阴影的颜色，如图 5-74 所示。

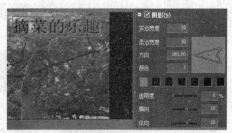

图 5-74　设置阴影的颜色

（4）**渐变方向**：在"方向"文本框中可设置阴影的渐变颜色方向，如图 5-75 所示。

图 5-75　设置阴影渐变的方向

（5）**透明度**：在"透明度"文本框中可通过输入数字设置阴影的透明度，或直接拖动透明度滑块设置，如图 5-76 所示。

图 5-76　设置阴影的透明度

（6）**偏移距离**：在"横向"文本框中可设置阴影在水平方向的偏移距离；在"纵向"文本框中可设置阴影在垂直方向的偏移距离，如图 5-77 所示。

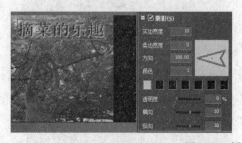

图 5-77　设置阴影的偏移距离

下面以为字幕添加阴影为例，介绍阴影效果各参数的使用方法。

实例 5-6——设置字幕阴影效果

素材文件	素材\第 5 章\新年.ezp
效果文件	效果\第 5 章\新年.ezp
视频文件	视频\第 5 章\5-6.swf
操作重点	设置字幕阴影效果

1 打开光盘提供的素材文件"新年.ezp",双击字幕素材打开 Quick Titler 编辑窗口,选择字幕对象,选中"阴影"复选框,单击下方第 1 个色块,如图 5-78 所示。

2 打开"色彩选择"对话框,单击右上方最后 1 行第 4 列对应的色块,单击 确定 按钮,如图 5-79 所示。

图 5-78 开启阴影效果　　　　　　　　图 5-79 设置阴影颜色

3 将阴影的实边宽度和柔边宽度均设置为"3",在"透明度"栏右侧的文本框中输入"80",将"横向"和"纵向"文本框中的参数均设置为"4",如图 5-80 所示。

4 单击"保存"按钮,预览设置阴影后的素材效果,如图 5-81 所示。

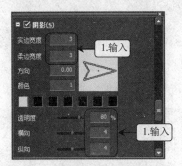

图 5-80 设置宽度、透明度和距离　　　　图 5-81 预览素材

 当为阴影设置多种颜色时,可在"颜色"文本框中设置相应的颜色数量,然后为阴影应用更为丰富的渐变效果。

5. 设置字幕浮雕效果

浮雕效果可为字幕创建 3D 化的立体效果。设置浮雕效果时可控制浮雕方向、角度、高度,以及各个方向上的照明强度。在文本属性区选中"浮雕"复选框后,在其下可设置各参数的具体数值来应用浮雕效果。

（1）**方向**：浮雕效果的方向分为内部和外部两种，内部是指浮雕效果表现在内部，如图 5-82 所示；外部是指浮雕效果表现在外部，如图 5-83 所示。

图 5-82　设置内部浮雕　　　　　　　　　　图 5-83　设置外部浮雕

（2）**角度**：角度数值越大则浮雕效果越明显，如图 5-84 所示。

图 5-84　加大浮雕角度

（3）**边缘高度**：边缘数值越大可使字幕越有立体效果，如图 5-85 所示。

图 5-85　增加浮雕边缘高度

（4）**照明方向**：可在 X、Y 和 Z 三个照明方向上进行浮雕调整，如图 5-86 所示。

图 5-86　调整浮雕的照明方向

下面以为字幕添加浮雕效果为例，介绍浮雕效果各参数的使用方法。

 实例 5-7——设置字幕浮雕效果

素材文件	素材\第 5 章\回馈.ezp	视频文件	视频\第 5 章\5-7.swf
效果文件	效果\第 5 章\回馈.ezp	操作重点	设置字幕浮雕效果

1　打开光盘提供的素材文件"回馈.ezp"，双击字幕素材打开 Quick Titler 编辑窗口，选择字幕对象，选中"浮雕"复选框和"内部"单选项，将角度和边缘高度的参数均设置为"6"，如图 5-87 所示。

2　将 X、Y 和 Z 方向的照明参数均设置为"4"，然后单击"保存"按钮，如图 5-88 所示。

图 5-87　设置浮雕方向、角度和高度

图 5-88　设置照明方向

3　预览设置浮雕后的素材即可，效果如图 5-89 所示。

图 5-89　预览素材

浮雕效果不能控制字幕的颜色，因此要想得到需要的颜色效果，可先为字幕填充所需颜色后再添加浮雕效果。

6. 设置字幕模糊效果

Quick Titler 可分别为字幕的文本、边缘和阴影区域添加模糊效果，使字幕呈现出特有的动感。在文本属性区选中"模糊"复选框后，即可对文本、边缘和阴影三个部分进行柔化模糊效果的设置。

下面将对模糊效果中几个常见参数的作用进行介绍：

(1) 文本/边缘：在该文本框中输入数字可设置文本和边缘的模糊效果，其效果如图 5-90 所示。

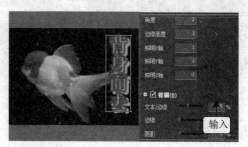
图 5-90　设置文本模糊效果

（2）边缘：在该文本框中输入数字设置的模糊效果只针对文本的边缘，而文本本身不发生变化，其效果如图 5-91 所示。

图 5-91　设置文本边缘模糊效果

（3）阴影：在该文本框中输入数字可设置文本阴影的模糊效果，其效果如图 5-92 所示。

图 5-92　设置文本阴影模糊效果

下面以为字幕添加模糊效果为例，熟悉模糊效果各参数的使用方法。

 实例 5-8——设置字幕模糊效果

素材文件	素材\第 5 章\公路.ezp	视频文件	视频\第 5 章\5-8.swf
效果文件	效果\第 5 章\公路.ezp	操作重点	设置字幕模糊效果

1　打开光盘提供的素材文件"公路.ezp"，双击字幕素材打开 Quick Titler 编辑窗口，选择字幕对象，选中"模糊"复选框，将"文本/边缘"和"边缘"栏右侧文本框中的参数均设置为"40"，单击"保存"按钮■，如图 5-93 所示。

2　预览设置模糊后的素材效果如图 5-94 所示。

图 5-93　设置模糊程度　　　　　　　　　　图 5-94　预览素材

5.2.7　新建字幕样式

当经常为字幕设置同一种效果时，可将该效果保存为样式，通过样式可快速为字幕应用相同效果，从而提高操作效率。新建字幕样式的方法为：设置好字幕格式后，在字幕上单击鼠标右键，在弹出的快捷菜单中选择【样式】/【另存为新样式】命令，打开"保存当前样式"对话框，在其中输入样式名称，单击 确认 按钮即可。

　　下面以设置字体格式并保存为样式为例，介绍字幕样式的创建、保存和应用的方法。

 实例 5-9——新建字幕样式

素材文件	素材\第 5 章\湖光山色.ezp	视频文件	视频\第 5 章\5-9.swf
效果文件	效果\第 5 章\湖光山色.ezp	操作重点	新建字幕样式

　　1　打开光盘提供的素材文件"湖光山色.ezp"，单击"素材库"面板，按【Ctrl+T】组合键打开 Quick Titler 编辑窗口，在"样式"列表框中选择第 1 种样式，然后利用"横向文本"工具创建字幕，内容为"湖光（换行）山色"，如图 5-95 所示。

　　2　利用"选择对象"工具选择字幕对象，将字体设置为"方正楷体简体"、字号设置为"72"、字形设置为"加粗"，如图 5-96 所示。

图 5-95　创建字幕　　　　　　　　　图 5-96　设置字体格式

　　3　将填充颜色的方向设置为"210"、颜色设置为"4"、颜色色块分别设置为"色彩选择"对话框中第 4 列第 2~5 行对应的色块，如图 5-97 所示。

　　4　启用浮雕效果，选中"内部"单选项，分别将角度、边缘高度、照明 X 轴、照明 Y 轴和照明 Z 轴的参数设置为"8"、"8"、"3"、"3"和"5"，如图 5-98 所示。

图 5-97　设置渐变色　　　　　　　　　图 5-98　设置浮雕效果

　　5　在字幕对象上单击鼠标右键，在弹出的快捷菜单中选择【样式】/【另存为新样式】菜单命令，如图 5-99 所示。

　　6　打开"保存当前样式"对话框，在"样式名称"文本框中输入"渐变浮雕"，单击 确认 按钮，如图 5-100 所示。

图 5-99　保存样式

图 5-100　设置样式名称

7　设置完成后的最终的效果如图 5-101 所示。

图 5-101　预览素材

5.3　创建并编辑图像

EDIUS 7 中的图像是确定了样式的对象，Quick Titler 提供了大量的图像可供使用，在创建字幕时，合理利用这些图像不仅能美化窗口，还能起到突出字幕内容的效果。

5.3.1　创建图像

在工具箱中选择"图像"按钮 ，然后在下方"样式"列表框中选择图像样式，最后在字幕编辑区中拖动鼠标或单击鼠标即可创建图像，如图 5-102 所示。

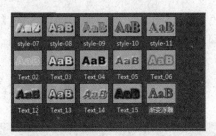

图 5-102　创建图像

5.3.2　编辑图像

编辑图像与编辑字幕方法基本一致，同样可对其进行移动、缩放和旋转等操作，并且操作方法也相同。

下面以创建图像并将其旋转和改变位置、大小为例，介绍编辑图像的方法。

实例 5-10——编辑图像

素材文件	素材\第 5 章\船.ezp	视频文件	视频\第 5 章\5-10.swf
效果文件	效果\第 5 章\船.ezp	操作重点	创建图像、旋转图像、移动图像

1　打开光盘提供的素材文件"船.ezp"，单击"素材库"面板，按【Ctrl+T】键打开 Quick Titler 编辑窗口，在工具箱中选择"图像"按钮![icon]，然后在下方"样式"列表框中选择"style-A02"选项，最后在字幕编辑区中按住鼠标拖动到适当位置，如图 5-103 所示。

2　将鼠标指针定位到图像右下角，按住【Ctrl】键不放向左拖动到适当位置，如图 5-104 所示。

图 5-103　创建图像

图 5-104　旋转图像

3　在右侧图像属性区中的"X"和"Y"文本框中输入"1355"和"165"，如图 5-105 所示。

4　设置完成后预览素材效果，如图 5-106 所示。

图 5-105　移动图像

图 5-106　预览素材

5.3.3　设置图像格式

图像的格式包括边框、阴影、模糊和填充颜色，因为各种图像样式都自带颜色，所以对图像的填充颜色效果仅能设置透明度，各参数的设置方法与字幕格式效果的设置方法相同。

下面以设置图像的透明度和创建字幕为例，介绍图像格式的设置方法。

 实例 5-11——设置图像格式

素材文件	素材\第 5 章\孤帆.ezp	视频文件	视频\第 5 章\5-11.swf
效果文件	效果\第 5 章\孤帆.ezp	操作重点	设置图像透明度、设置图像模糊

1 打开光盘提供的素材文件"孤帆.ezp",单击"素材库"面板,在其中双击字幕素材,利用"选择对象"工具选择创建的图像,在右侧"图像属性"列表框中选中"填充颜色"复选框,将透明度设置为"60",如图 5-107 所示。

2 在"图像属性"列表框中选中"模糊"复选框,将图像/边缘设置为"60",如图 5-108 所示。

图 5-107 设置图像透明度

图 5-108 设置图像模糊

3 创建"孤帆远影碧空尽"纵向文本,在文本属性区中将"填充颜色"的第 1 个色块设置为第 4 列第 2 行对应的颜色,如图 5-109 所示。

4 将该字幕的"X"、"Y"、"宽度"和"高度"分别设置为"1395"、"208"、"110"和"682",如图 5-110 所示。

图 5-109 创建字幕并设置颜色

图 5-110 设置字幕位置和大小

5 在工具栏中单击"保存"按钮,设置完成后预览素材的效果如图 5-111 所示。

图 5-111 保存字幕素材

5.4 创建并编辑几何图形

Quick Titler 中的几何图形主要包括线、矩形、椭圆和三角形,合理使用这些对象可以丰富视频内容。

5.4.1 创建几何图形

创建几何图形的方法与创建图像的方法类似,如果想要创建圆角矩形、正圆、直角三角形和实线等，需要在相应的图形按钮上按住鼠标左键不放，然后在弹出的下拉列表中选择需要的图形，下面重点讲解实线的创建方法。

　　实线是指连续的线段，其创建方法与一般图形的创建方法有所区别，在"线"按钮 🖊 上按住鼠标左键不放，在弹出的下拉列表中选择"实线"选项，在字幕编辑区依次单击鼠标即可绘制各种形状的实线，完成后双击鼠标确认创建，如图 5-112 所示。

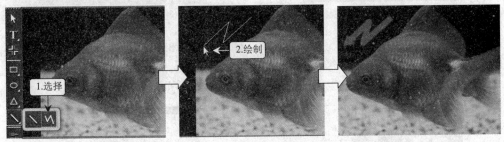

图 5-112　绘制实线

5.4.2　编辑几何图形

　　编辑几何图形与编辑图像的方法基本一致，同样可对其进行移动、缩放和旋转等操作，并且操作方法也相同。

　　下面以创建几何图形并改变其位置、大小为例，介绍编辑几何图形的方法。

　实例 5-12——编辑几何图形

素材文件	素材\第 5 章\岛.ezp	视频文件	视频\第 5 章\5-12.swf
效果文件	效果\第 5 章\岛.ezp	操作重点	创建几何图形，更改几何图形位置和大小

　　1　打开光盘提供的素材文件"岛.ezp"，单击"素材库"面板，按【Ctrl+T】组合键打开 Quick Titler 编辑窗口，单击工具箱中的"矩形"按钮 ▢，在"样式"列表框中选择"style-04"样式，拖动鼠标在预览区创建矩形，如图 5-113 所示。

　　2　单击工具箱中的"选择对象"按钮 ▨，选中字幕编辑区中刚创建好的矩形图形，然后在右侧对象属性区的"变换"栏中取消选中"固定宽高比"复选框，在"X"、"Y"、"宽度"和"高度"文本框中分别输入"-4"、"440"、"780"和"50"，如图 5-114 所示。

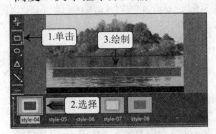

图 5-113　创建矩形

图 5-114　设置矩形位置和大小

　　3　在工具箱中的"线"按钮 🖊 上按住鼠标左键不放，在弹出的下拉列表中选择"实线"选项，如图 5-115 所示。

　　4　在字幕预览区中绘制如图 5-116 所示的图形后，双击鼠标确定操作。

图 5-115　选择实线工具

图 5-116　绘制多边形

　　5　单击工具箱中的"椭圆"按钮，在"样式"列表框中选择"Ellipse_02"选项，然后在字幕编辑区右上角拖动鼠标绘制椭圆，如图 5-117 所示。

　　6　保存字幕素材，设置完成后预览素材，如图 5-118 所示。

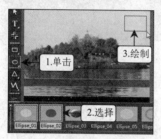

图 5-117　绘制几何图形

图 5-118　预览素材

5.4.3　设置几何图形格式

　　设置几何图形格式与设置字幕格式方法类似，其内容也包括颜色、边缘、阴影、浮雕和模糊等效果。

　　下面以设置颜色和模糊效果为例，介绍设置图形格式的方法。

 实例 5-13——编辑几何图形

素材文件	素材\第 5 章\湖心岛.ezp	视频文件	视频\第 5 章\5-13.swf
效果文件	效果\第 5 章\湖心岛.ezp	操作重点	设置图形颜色、设置图形模糊效果

　　1　打开光盘提供的素材文件"湖心岛.ezp"，双击"素材库"面板中的字幕素材，在 Quick Titler 窗口中利用"选择对象"工具选中右上方的椭圆图形，然后在右侧对象属性区的"填充颜色"栏中单击第 1 个色块，如图 5-119 所示。

　　2　打开"色彩选择"对话框，在右上方选择第 1 行第 2 列色块，单击 确定 按钮，如图 5-120 所示。

图 5-119　设置椭圆颜色

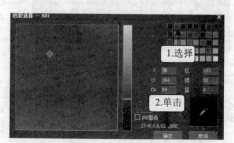

图 5-120　选择颜色

3　向下拖动对象属性区右侧滑块到底部，选中"模糊"复选框，在"外形/边缘"文本框中输入"60"，如图 5-121 所示。

4　保存字幕素材，设置完成后预览素材的效果如图 5-122 所示。

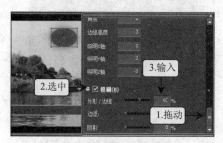

图 5-121　设置椭圆模糊效果

图 5-122　预览素材效果

5.5　多字幕对象的管理

当在字幕编辑区中存在多个字幕、图像或几何图形等对象时，可使用工具箱中的工具将这些对象进行有规则的对齐、分布、居中和叠放。

5.5.1　选择多个字幕对象

在同时编辑多个对象之前，需要选择多个对象，其方法有以下两种。

（1）**框选**：利用"选择对象"工具按住鼠标拖动选择，如图 5-123 所示。

（2）**加选**：利用"选择对象"工具再按住【Ctrl】键不放，依次单击每一个需要选择的对象，如图 5-124 所示。

图 5-123　框选对象

图 5-124　加选对象

5.5.2　对齐多个字幕对象

字幕对齐设置是指存在多个字幕对象时的对齐位置，而不是单个字幕对象中行与行的对齐。在 Quick Titler 窗口中可将多个对象进行左对齐、右对齐、上对齐、下对齐、水平方向上的居中对齐和垂直方向上的居中对齐。

下面以将多个字幕对象设置为横向居中对齐为例，介绍对齐多个字幕对象的使用方法。

 实例 5-14——对齐多个字幕对象

素材文件	素材\第 5 章\赏花灯.ezp	视频文件	视频\第 5 章\5-14.swf
效果文件	效果\第 5 章\赏花灯.ezp	操作重点	居中对齐多个字幕对象

1　打开光盘提供的素材文件"赏花灯.ezp"，双击字幕素材打开 Quick Titler 编辑窗口，利用"选择对象"工具拖动鼠标框选所有字幕，如图 5-125 所示。

2 在工具箱中按住"左对齐"按钮▇不放，在弹出的下拉列表中单击"居中（横向）"按钮▇，如图 5-126 所示。

图 5-125 框选字幕

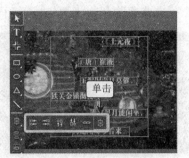

图 5-126 横向居中对齐

3 在字幕编辑区中向左拖动字幕组到适当位置，如图 5-127 所示。

4 保存字幕素材，完成设置后预览素材的效果如图 5-128 所示。

图 5-127 移动字幕组

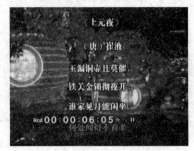

图 5-128 预览素材

5.5.3 分布多个字幕对象

Quick Titler 工具提供了分布字幕对象的功能，可以非常便捷地将多个字幕对象进行上下或左右两种等距离分布。

在工具箱中单击"上下对齐"按钮▇或单击"左右对齐"按钮▇可分别将所选的多个对象在垂直方向和水平方向上进行等距离分布。

下面以纵向分布字幕对象为例，介绍等距离分布多个字幕对象的方法。

 实例 5-15──分布多个字幕对象

素材文件	素材\第 5 章\海滨.ezp	视频文件	视频\第 5 章\5-15.swf
效果文件	效果\第 5 章\海滨.ezp	操作重点	分布多个字幕对象

1 打开光盘提供的素材文件"海滨.ezp"，双击字幕素材打开 Quick Titler 编辑窗口，框选标题以外的所有字幕对象，单击工具箱中的"左对齐"按钮▇，如图 5-129 所示。

2 保持字幕对象的选中状态，单击工具箱中的"上下对齐"按钮▇，此时字幕对象将在垂直方向上实现等距离分布，如图 5-130 所示。

3 在工具栏中单击"保存"按钮▇，如图 5-131 所示。

4 预览设置分布后的素材效果如图 5-132 所示。

图 5-129　左对齐字幕

图 5-130　纵向分布字幕

图 5-131　存储字幕素材

图 5-132　预览素材

5.5.4　居中字幕对象至画布

居中字幕对象至画布是指将一个或多个对象移动到整个素材画布的水平方向或垂直方向上的中间位置。选中对象后，单击工具箱中的"居中（垂直）"按钮或其展开项中的"居中（水平）"按钮即可，如图 5-133 所示。

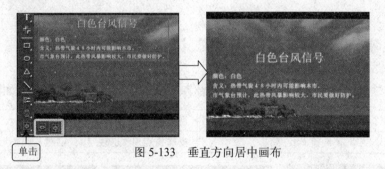

图 5-133　垂直方向居中画布

5.5.5　调整字幕对象叠放顺序

默认情况下，Quick Titler 会将最近创建的字幕、图像或图形放置在最上层。为了便于控制这些对象的显示，可对其叠放顺序进行随时调整，即将下层对象显示到上方，或将上层对象显示到下方。

下面以调整矩形的叠放顺序为例，介绍调整字幕等对象排列顺序的方法。

 实例 5-16——调整字幕对象叠放顺序

素材文件	素材\第 5 章\菊花.ezp	视频文件	视频\第 5 章\5-16.swf
效果文件	效果\第 5 章\菊花.ezp	操作重点	调整字幕对象叠放顺序

1 打开光盘提供的素材文件"菊花.ezp",利用"矩形"工具创建一个矩形,样式为第 2 种,并将其拖动到字幕所在位置,如图 5-134 所示。

2 选择矩形,单击鼠标右键,在弹出的快捷菜单中选择【布局】/【顺序】/【底】菜单命令,如图 5-135 所示。

图 5-134　创建矩形

图 5-135　调整叠放顺序

3 此时矩形将放置到窗口最底层,单击"保存"按钮，如图 5-136 所示。

4 预览设置后的素材效果,如图 5-137 所示。

图 5-136　保存字幕

图 5-137　预览素材

5.6　上机实训——制作"河流"记录视频

下面将通过制作一个较为综合的实例介绍字幕的使用方法,本实训的效果如图 5-138 所示。

素材文件	素材\第 5 章\河流.ezp、river01.mp4……	视频文件	视频\第 5 章\5-17-1.swf、5-17-2.swf……
效果文件	效果\第 5 章\河流.ezp	操作重点	设置字体、创建几何图形

 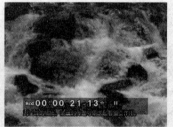 

图 5-138　播放素材

1. 制作标题字幕

标题字幕将显示视频播放的主要内容,下面将通过字幕的创建和设置,以及矩形的使用来制作标题字幕。

1 打开光盘提供的素材文件"河流.ezp",单击"素材库"面板,按【Ctrl+T】键打开 Quick Titler 编辑窗口,在"样式"列表框中选择第 1 种样式,利用"横向文本"按钮 **T** 创建"河流"字幕,如图 5-139 所示。

2 选择字幕,将其字距设置为"50"、字体设置为"微软雅黑",并将字幕移动到预览区中央,如图 5-140 所示。

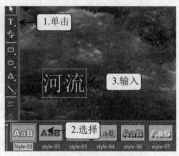

图 5-139 创建字幕

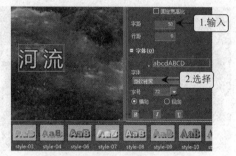

图 5-140 设置格式并移动字幕

3 在工具栏中单击"矩形"工具 **□**,在"样式"列表框中选择第 2 种样式,然后在字幕编辑区中拖动鼠标创建矩形,如图 5-141 所示。

4 在右侧对象属性区中将宽度和高度分别设置为"30"和"90",并移动到字幕左侧,如图 5-142 所示。

图 5-141 创建矩形

图 5-142 调整大小和位置

5 复制并粘贴矩形,将其移动到字幕右侧,如图 5-143 所示。

6 保存字幕,将其添加到"字幕 1"轨道上,对齐上方视频素材的中央位置,如图 5-144 所示。

图 5-143 复制矩形

图 5-144 添加字幕

2. 制作内容字幕

下面将为每个视频素材添加相应的字幕内容。

1 新建字幕，输入横向文本，样式为第 1 种样式，并将行距设置为"30"、字体设置为"微软雅黑"、字号设置为"18"，选中"居中"单选项，将字幕移动到预览区下方，如图 5-145 所示。

2 保存字幕，然后将字幕添加到轨道上，位置和长度按"river01"素材进行调整，如图 5-146 所示。

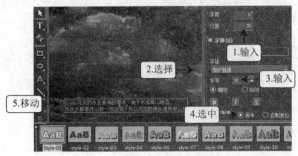

图 5-145 创建字幕

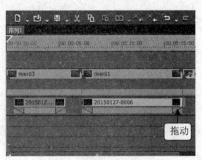

图 5-146 添加字幕

3 复制第 1 步创建的字幕中的横向文本，然后新建字幕，粘贴文本，修改其中的内容，如图 5-147 所示。

4 保存字幕，然后将字幕添加到轨道上，位置和长度按"river02"素材进行调整，如图 5-148 所示。

图 5-147 复制并修改文本

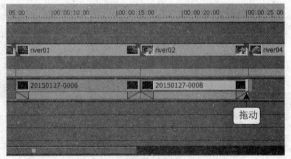

图 5-148 添加字幕

5 复制第 3 步创建的字幕中的横向文本，然后新建字幕，粘贴文本，修改其中的内容，如图 5-149 所示。

6 保存字幕，然后将字幕添加到轨道上，位置和长度按"river04"素材进行调整，如图 5-150 所示。

图 5-149 复制并修改文本

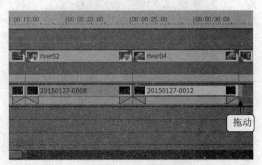

图 5-150 添加字幕

7 按照相同的方法制作"river05"和"river06"视频素材对应的字幕，如图 5-151 和 5-152 所示。

图 5-151 复制并修改文本

图 5-152 复制并修改文本

3. 制作结束字幕

下面将通过新建色块及动态字幕的创建来制作视频的结束画面。

1 在"素材库"面板中创建色块，颜色为"黑色"，如图 5-153 所示。

2 将色块添加到"视音频 1"轨道上"river06"素材的右侧，然后利用轨道面板中的"组/链接模式"按钮 解组色块，并删除其他所有音频轨道上的部分，如图 5-154 所示。

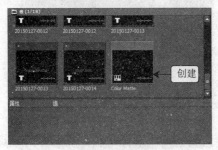

图 5-153 创建色块

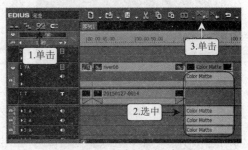

图 5-154 添加并解组色块

3 在色块素材上单击鼠标右键，在弹出的快捷菜单中选择"持续时间"命令，在打开的对话框中将持续时间设置为"10 秒"，单击 确定 按钮，如图 5-155 所示。

4 在"素材库"面板中新建字幕，在"背景属性"列表框的"字幕类型"下拉列表框中选择"滚动（从下）"选项，如图 5-156 所示。

图 5-155 设置持续时间

图 5-156 设置字幕类型

5 创建横向文本字幕，样式为"Text_01"，将字体设置为"微软雅黑"、字号设置为"36"，如图 5-157 所示。

6 复制并粘贴横向文本，修改内容，然后将字号设置为"18"，如图 5-158 所示。

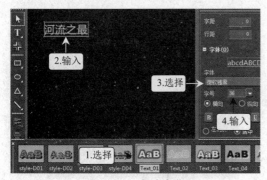

图 5-157　创建字幕

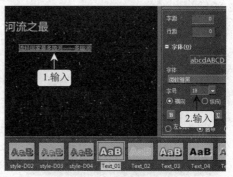

图 5-158　复制并修改文本

7 按相同方法复制并修改文本，制作其他横向文本字幕，如图 5-159 所示。

8 利用"选择对象"工具选中全部字号为"18"的字幕，然后单击工具箱中的"上下对齐"按钮，如图 5-160 所示。

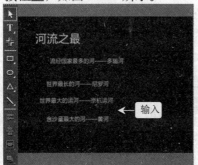

图 5-159　复制并修改文本

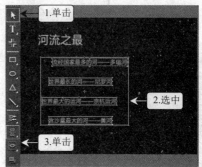

图 5-160　等距离分布字幕

9 选中所有字幕，在工具箱中的"左对齐"按钮上按住鼠标不放，在展开的工具中单击"居中（横向）"按钮，如图 5-161 所示。

10 在"河流之最"字幕上单击鼠标右键，在弹出的快捷菜单中选择【布局】/【屏幕中央】/【水平】命令，如图 5-162 所示。

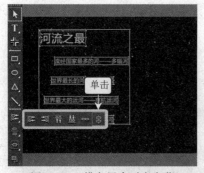

图 5-161　横向居中对齐字幕

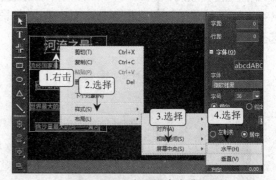

图 5-162　水平居中字幕

11 保存字幕，将其添加到轨道上，位置和长度与创建的色块素材为准，播放并预览视频即可，效果如图 5-163 所示。

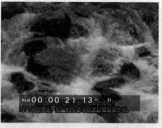

图 5-163　播放素材

5.7　本章小结

本章主要介绍了在 Quick Titler 窗口中进行文本、图像和几何图形的创建和各种效果的设置，其中包括 Quick Titler 窗口的组成、创建并编辑字幕、创建并编辑图像、创建并编辑几何图形和多字幕对象的管理等内容。

其中对于 Quick Titler 窗口的组成需要适当了解，字幕、图像和几何图形的创建与编辑需要熟练掌握。另外，多字幕对象的管理也相当重要，应认真学习并将其运用到实际工作当中。

5.8　疑难解答

1. 问：如何删除自定义创建的字幕样式？

答：在"样式"列表框中，成功创建的字幕样式上单击鼠标右键，在弹出的快捷菜单中选择"删除样式"命令即可。

2. 问：利用"实线"工具创建的图形可以保存为图形样式吗？

答：可以。利用"选择对象"工具选中该图形后单击鼠标右键，在弹出的快捷菜单中选择【样式】/【另存为新样式】命令，再在"保存当前样式"对话框中输入名称，单击 确认 按钮即可。

3. 问：在工具箱中最下面的"线格"和"字幕安全区"工具各有什么作用？

答：单击"线格"按钮 ，可在画布中建立方格的参考线，为对象的相对位置做参考；单击"字幕安全区"按钮 ，可在画布中建立一般情况下字幕存放的位置参考，以避免字幕超越此区域而显得不太美观。

5.9　习题

1. 新建工程，创建"75/x/75/x"类型的彩条色块，然后创建如图 5-164 所示的静态字幕效果（效果\第 5 章\课后练习\检修.ezp）。

提示：（1）字体样式设置为"style-11"；

（2）设置字体水平居中和垂直居中。

2. 新建工程，创建"75/x/75/x"类型的彩条色块，然后创建如图 5-165 所示的动态字幕效果（效果\第 5 章\课后练习\节目检修.ezp）。

提示：（1）字体颜色设置为"白色"；

（2）边框设置为"黑色"、实际宽度为"10"；

（3）阴影设置为"黄色"、实际宽度为"2"。

图 5-164　检修的效果　　　　　　　　　　图 5-165　节目检修的效果

3. 打开素材提供的工程（素材\第 5 章\课后练习\人文.ezp），新建从右到左出现的横向动态字幕，然后创建直角三角形，保存并添加到"文字 1"轨道，并调整其长度与视频素材相同，最终效果如图 5-166 所示（效果\第 5 章\课后练习\人文.ezp）。

图 5-166　人文的效果

4. 打开素材提供的工程（素材\第 5 章\课后练习\烟花.ezp），打开 Quick Titler 窗口将所有字幕颜色设置为"浅蓝色"，然后进行各种对齐操作，最后将字幕效果添加到轨道中，设置前后的效果对比如图 5-167 所示（效果\第 5 章\课后练习\烟花.ezp）。

提示：（1）选中所有文本设置"居中（横向）"；

（2）选中所有文本设置"居中（垂直）"和"居中（水平）"；

（3）选中除"鸣谢"以外的文本设置"上下对齐"。

（4）将"鸣谢"文本的"字距"设置为"100"，再设置其"居中（水平）"。

图 5-167　烟花的效果

5. 打开素材提供的工程（素材\第 5 章\课后练习\水车.ezp），打开 Quick Titler 窗口创建如图 5-168 所示（效果\第 5 章\课后练习\水车.ezp）字幕效果，最后将其添加到时间线轨道中播放预览。

图 5-168　水车的效果

提示：（1）利用纵向文本工具创建文本；

（2）设置文本的字距为"70"、字体为"方正水黑简体"、字号为"100"；

（3）设置文本颜色为"深黄色"；

（4）将文本旋转一定角度后设置 X 和 Y 分别为"78"和"138"。

第 6 章　视频与音频特效的应用

EDIUS 7 提供的滤镜功能主要包括用于设置视频素材和音频素材质量的特效。滤镜特效是视频处理特殊效果中最强大的部分，EDIUS 7 除了具有丰富绚丽的视频滤镜外，还能对音频滤镜进行处理。本章将详细介绍各种滤镜的应用与设置方法，使非线性编辑的工程更加自然、专业和美观。

 学习要点

➤ 掌握滤镜的基本操作
➤ 熟悉视频滤镜的应用
➤ 了解音频滤镜的应用
➤ 混合器画笔工具

6.1　滤镜的基本操作

滤镜可以调整素材的质量、效果，使原本平淡的显示画面变得更加精致美观。下面将介绍滤镜的基本操作，包括滤镜概述、滤镜的添加、设置、复制和删除等。

6.1.1　滤镜的概述

在 EDIUS 7 中所有的滤镜效果都存在于素材库窗口的"特效"面板中，主要分为视频滤镜和音频滤镜两大类。

（1）**视频滤镜**：主要对视频素材进行特效控制，包括色彩校正、动态模糊、手绘遮罩、锐化以及马赛克等滤镜特效，其中非常重要的一个类别是"色彩校正"滤镜，在该滤镜特效中又包括 YUV 曲线、三路色彩校正和色彩平衡等滤镜。

（2）**音频滤镜**：主要对时间线上音频轨道中的素材进行特效控制，其中包括低通滤波、参数平衡器、变调、图形均衡器、延迟、音量电位与均衡以及高通滤波等音频滤镜。

6.1.2　添加滤镜

为素材添加滤镜的常用方法有以下几种：

（1）**拖动添加**：在"特效"面板的列表框中拖动需要应用的滤镜效果选项到时间线轨道的素材上，如图 6-1 所示。

（2）**选择快捷命令添加**：在时间线轨道上选择需要添加滤镜效果的素材，然后在"特效"面板的列表框的滤镜效果选项上单击鼠标右键，在弹出的快捷菜单中选择"添加到时间线"命令，如图 6-2 所示。

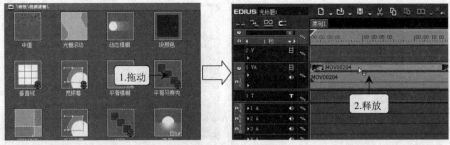

图 6-1　拖动添加滤镜

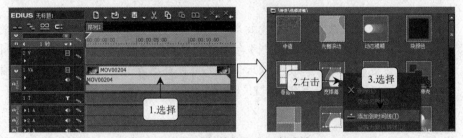

图 6-2　选择快捷命令添加滤镜

（3）**单击按钮添加**：在时间线轨道上选择需要添加滤镜效果的素材，然后在"特效"面板的列表框中选择滤镜效果选项，再在上方工具栏中单击"添加到时间线"按钮，如图 6-3所示。

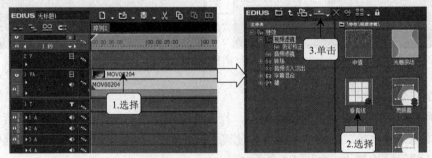

图 6-3　单击按钮添加

在编辑工作中可能会遇到在同一素材上添加多个视频滤镜效果的情况，此时只需依次将视频滤镜添加到时间线轨道的素材上即可。

6.1.3　设置滤镜

设置滤镜是指在信息面板中对应用的滤镜效果进行设置，包括修改滤镜参数、调整滤镜顺序、显示与隐藏滤镜等操作。

1．修改滤镜参数

某些滤镜效果直接添加到素材中时，不能达到需要的效果，这时便需要修改该滤镜效果的参数以达到要求。当滤镜添加到素材上后，选择该素材，然后在信息面板中双击滤镜效果选项，在打开的对话框中进行修改即可，如图 6-4所示。

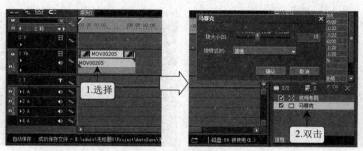

图 6-4　修改滤镜参数

对于常用的经过更改参数的滤镜效果，可在信息面板中该滤镜选项上单击鼠标右键，在弹出的快捷菜单中选择"另存为当前用户配置"命令，将其存储在"特效"面板的预设滤镜效果中，便于以后调用。用户自己存储的预设滤镜会在其缩略图的右下角显示黄色的大写字母"U"样式。

2. 调整滤镜顺序

调整滤镜顺序是指在信息面板中调整滤镜的应用顺序，这将决定应用滤镜的素材效果。拖动滤镜选项到需要的位置即可调整滤镜顺序，如图 6-5 所示。

图 6-5　调整滤镜顺序

3. 启用与禁用滤镜

添加到素材中的滤镜效果默认为启用，若该滤镜被禁用后，即使已添加到了素材中，也不会显示该滤镜的效果。选中信息面板中滤镜复选框则表示已启用该滤镜；取消选中滤镜复选框表示该滤镜已被禁用，如图 6-6 所示。

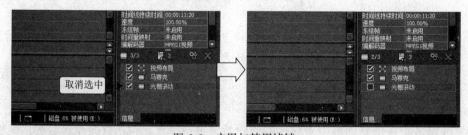

图 6-6　启用与禁用滤镜

6.1.4　复制滤镜

滤镜可以从一个素材中复制到另一个素材中。在时间线轨道上的已应用滤镜效果的素材上按住鼠标右键不放，将其拖动到另一素材上，释放鼠标将弹出快捷菜单，选择【部分替换】/【滤镜】菜单命令即可复制滤镜，如图 6-7 所示。

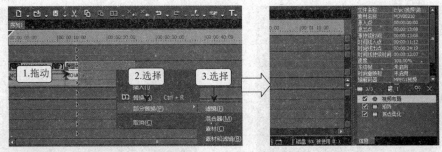

图 6-7　复制滤镜

6.1.5　删除滤镜

选中素材，在信息面板中选中需要删除的滤镜选项，然后单击上方的"删除"按钮▨即可删除滤镜，如图 6-8 所示。

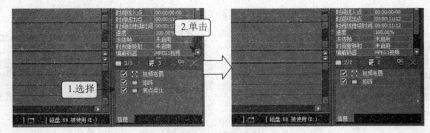

图 6-8　删除滤镜

下面以设置视频滤镜参数、复制滤镜和删除滤镜为例，介绍滤镜的基本操作方法。

 实例 6-1——视频滤镜的修改、复制与删除

素材文件	素材\第 6 章\花海.ezp	效果文件	效果\第 6 章\花海.ezp
视频文件	视频\第 6 章 6-1.swf	操作重点	修改滤镜参数、复制滤镜、删除滤镜

1　打开光盘提供的素材文件"花海.ezp"，选择左侧的"花海"素材，此时"信息"面板中将显示该素材上应用的视频布局和视频滤镜选项，双击其中的"色彩平衡"选项，如图 6-9 所示。

2　打开"色彩平衡"对话框，拖动下方的颜色滑块调整色彩平衡，如图 6-10 所示。

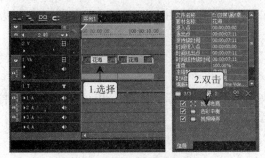

图 6-9　设置视频滤镜

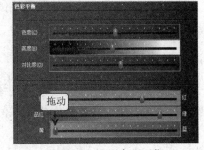

图 6-10　设置色彩平衡

3　在"色彩平衡"对话框中选中"安全色"复选框，单击 ▦ 按钮，如图 6-11 所示。

4　在"信息"面板中双击"视频噪声"选项，如图 6-12 所示。

图 6-11　设置安全色

图 6-12　设置视频特效

5　打开"视频噪声"对话框，拖动"比率"栏的滑块，将参数调整为"0"，单击 确认
按钮，如图 6-13 所示。

6　按住鼠标右键不放，将左侧的"花海"素材拖动到右侧的"花海"素材上，释放鼠
标弹出快捷菜单，选择【部分替换】/【滤镜】菜单命令，如图 6-14 所示。

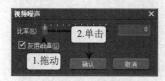

图 6-13　设置视频噪声

图 6-14　复制滤镜

7　在信息面板中选择"视频噪声"信息，单击"删除"按钮 ，如图 6-15 所示。

8　此时所选视频滤镜将从素材上删除，如图 6-16 所示。

图 6-15　删除视频滤镜

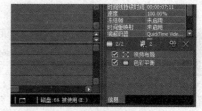

图 6-16　删除后的效果

6.2　常见滤镜的应用

下面将介绍 EDIUS 中一些常用的视频和音频滤镜的使用方法，并重点介绍一些参数较
为复杂的滤镜的设置方法。

6.2.1　视频滤镜

系统预设有多种视频滤镜以方便添加时快速使用。在实际操作时，也可以手动对各种视
频滤镜进行添加和设置，从而满足实际工作中的不同需求。

1. YUV 曲线

"YUV 曲线"滤镜是电视信号采用的色彩编码方式。YUV 曲线中的"Y"代表的是亮度，
若只有 Y 信号分量存在时，图像就是黑白灰度图像；"U"和"V"代表的是色差，是构成彩
色的两个分量。

下面以应用"YUV 曲线"滤镜特效并设置其参数为例，介绍 YUV 曲线的设置方法。

 实例 6-2——应用 YUV 曲线滤镜特效

素材文件	素材\第 6 章\骑车.ezp	效果文件	效果\第 6 章\骑车.ezp
视频文件	视频\第 6 章 6-2.swf	操作重点	设置 YUV 曲线滤镜参数

1　打开光盘提供的素材文件"骑车.ezp"，在"特效"面板中依次展开"特效/视频滤镜"目录，选择其中的"色彩校正"选项，然后选择右侧列表框中的"YUV 曲线"选项，如图 6-17 所示。

2　将选择的视频特效拖动到时间线轨道的素材上，如图 6-18 所示。

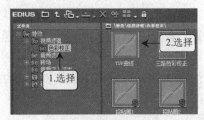

图 6-17　选择视频滤镜

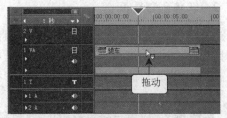

图 6-18　添加视频滤镜

3　在"信息"面板中双击"YUV 曲线"选项，如图 6-19 所示。

4　打开"YUV 曲线"对话框，在"Y"栏中选中"曲线"单选项，将其中的控制点拖动到如图 6-20 所示的位置。

图 6-19　设置视频滤镜

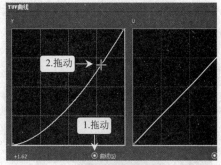

图 6-20　调整 Y 曲线

5　按相同方法将 U 曲线和 V 曲线调整为如图 6-21 所示的效果。

6　在"YUV 曲线"对话框中选中左侧的"安全色"复选框，如图 6-22 所示。

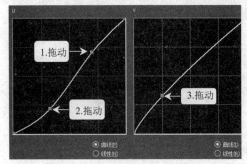

图 6-21　调整 U 和 V 曲线

图 6-22　选中安全色

7 确认设置后单击 按钮，如图 6-23 所示。

8 完成所有操作后预览素材的效果，如图 6-24 所示。

图 6-23 确认设置

图 6-24 预览素材

2．三路色彩校正

"三路色彩校正"滤镜是对影片中的暗调、中间调、高光三部分独立校正，其中黑白平衡对应的是暗调的校正；灰平衡对应的是中间调；白平衡对应的是高光。

下面以为素材添加并设置"三路色彩校正"视频滤镜为例，介绍该滤镜的使用方法。

 实例 6-3 应用三路色彩校正滤镜特效

素材文件	素材\第 6 章\湖泊.ezp	效果文件	效果\第 6 章\湖泊.ezp
视频文件	视频\第 6 章 6-3.swf	操作重点	设置三路色彩校正滤镜参数

1 打开光盘提供的素材文件"湖泊.ezp"，在"特效"面板中展开"特效/视频滤镜"目录，选择其中的"色彩校正"选项，然后选择右侧列表框中的"三路色彩校正"选项，如图 6-25 所示。

2 将所选滤镜添加到轨道中的素材上，然后在"信息"面板中双击"三路色彩校正"选项，如图 6-26 所示。

图 6-25 选择视频滤镜

图 6-26 设置视频滤镜

3 打开"三路色彩校正"对话框，在"黑平衡"栏中将圆形色板里的控制点向右下方拖动到适当位置，然后拖动"对比度"滑块到最左侧，如图 6-27 所示。

4 在该对话框中右下方单击 按钮，如图 6-28 所示。

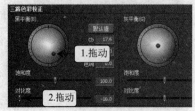

图 6-27 设置黑平衡参数

图 6-28 确认设置

5　确认设置后，预览素材效果即可。如图 6-29 所示即为添加了滤镜的前后对比。

图 6-29　应用视频滤镜的前后对比效果

3．色彩平衡

"色彩平衡"滤镜可以调整画面的色彩倾向，还可以调节色度、亮度、对比度和 RGB 等信息，调整前后的效果对比如图 6-30 所示。

图 6-30　应用色彩平衡滤镜的前后对比效果

4．光栅滚动

"光栅滚动"滤镜可用来创建画面波浪扭曲的效果，在其参数对话框中可进行波长、振幅和频率的调整。

下面以为素材添加波浪扭曲的效果为例，介绍"光栅滚动"滤镜的使用方法。

 实例 6-4——应用光栅滚动滤镜特效

素材文件	素材\第 6 章\小葱鱼.ezp	效果文件	效果\第 6 章\小葱鱼.ezp
视频文件	视频\第 6 章 6-4.swf	操作重点	设置光栅滚动滤镜参数

1　打开光盘提供的素材文件"小葱鱼.ezp"，在"素材库"面板拖动静帧素材将其添加到时间线视频素材后面，如图 6-31 所示。

2　在素材库窗口选择"特效"选项卡，然后在"文件夹"列表框中展开"特效"选项，选择其子选项中的"视频滤镜"选项，在右侧列表框中选择"光栅滚动"选项，如图 6-32 所示。

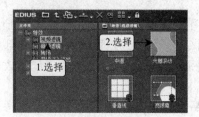

图 6-31　添加静帧素材　　　　　　　　　图 6-32　选择视频滤镜

3　将刚选中的视频滤镜拖动到时间线轨道的左侧视频素材上，然后在信息面板中双击"光栅滚动"选项，如图 6-33 所示。

4 打开"光栅滚动"对话框，在"波长"文本框中输入"620"，在"频率"文本框中输入"2"，确认设置，如图 6-34 所示。

图 6-33　设置视频滤镜　　　　　　　　　图 6-34　设置波长和频率

5 完成设置后，预览素材效果即可。如图 6-35 所示即为添加了光栅滚动滤镜效果的前后对比。

图 6-35　应用光栅滚动滤镜的前后对比效果

5．平滑模糊

"平滑模糊"滤镜可以使画面产生模糊效果，其模糊半径的数值越大则画面更加的柔和，调整前后的效果对比如图 6-36 所示。

图 6-36　应用平滑模糊滤镜的前后对比效果

6．手绘遮罩

"手绘遮罩"滤镜可手动对画面进行遮罩处理，其中包括矩形、椭圆和绘制路径三种遮罩效果，另外还可对遮罩的内部、外部和边缘进行滤镜、颜色、可见度等设置。

下面以为素材添加手动遮罩滤镜效果并设置其参数为例，掌握该滤镜的使用方法。

 实例 6-5——应用手绘遮罩滤镜特效

素材文件	素材\第 6 章\鲜花.ezp	效果文件	效果\第 6 章\鲜花.ezp
视频文件	视频\第 6 章 6-5.swf	操作重点	设置手绘遮罩滤镜参数

1　打开光盘提供的素材文件"鲜花.ezp"，在信息面板中双击"手绘遮罩"选项，如图 6-37 所示。

2　打开"手绘遮罩"窗口，在工具箱中单击"绘制拖动"按钮，然后在下方预览区按住鼠标拖动绘制椭圆，如图 6-38 所示。

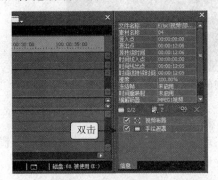

图 6-37　设置视频滤镜

图 6-38　绘制椭圆遮罩

　在工具箱中单击下拉按钮，在弹出的下拉列表中选择"绘制路径"选项后即可在预览区中绘制各种曲线路径。当图形绘制完成后，需要双击鼠标来确定绘制步骤的完成。

3　在"手绘遮罩"窗口右侧参数区的"外部"栏中设置"可见度"为"50%"，选中"边缘"栏的"色彩"复选框，设置其"宽度"为"20"，"可见度"为"60%"，再在"内部"栏中选中"滤镜"复选框，单击"选择滤镜"按钮，如图 6-39 所示。

4　打开"选择滤镜"对话框，依次展开"视频滤镜/色彩校正"选项，在其子选项中选择"色彩平衡"选项，单击　确定　按钮，如图 6-40 所示。

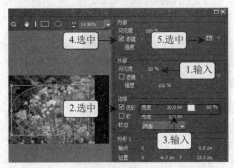

图 6-39　设置内部、外部和边缘参数

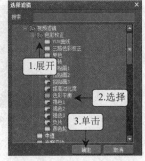

图 6-40　选择视频滤镜

5　返回"手绘遮罩"窗口，在"内部"栏单击"设定滤镜"按钮，如图 6-41 所示。

6　打开"色彩平衡"窗口，设置"色度"和"对比度"分别为"20"和"10"，确认设置，如图 6-42 所示。

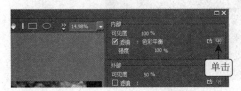

图 6-41　设置视频滤镜

图 6-42　设置色度和对比度

7 返回"手绘遮罩"窗口中确认设置，预览素材效果即可。如图 6-43 所示即为设置了手绘遮罩滤镜效果的前后对比。

图 6-43 应用手绘遮罩滤镜的前后对比效果

7. 矩阵

"矩阵"滤镜提供了 9 种特效，通过调整矩阵九宫格参数可实现视频素材的虚化、锐化和边缘强化等各种效果。应用"矩阵"滤镜前后的效果对比如图 6-44 所示。

图 6-44 应用矩阵滤镜的前后对比效果

8. 铅笔画

"铅笔画"滤镜可进行密度、翻转和平滑的调整，将画面设置成类似于铅笔素描的艺术效果。应用"铅笔画"滤镜前后的效果对比如图 6-45 所示。

图 6-45 应用铅笔画滤镜的前后对比效果

9. 镜像

"镜像"滤镜可通过镜面的形式，将视频画面做水平或垂直方向翻转的效果。应用"镜像"滤镜前后的效果对比如图 6-46 所示。

图 6-46 应用镜像滤镜的前后对比效果

10．马赛克

"马赛克"滤镜可为画面添加许多小方块以达到模糊效果，其中可设置方块的大小来控制密度。应用"马赛克"滤镜前后的效果对比如图 6-47 所示。

图 6-47　应用马赛克滤镜的前后对比效果

6.2.2 音频滤镜

音频滤镜主要用于提高音频素材的质量，在实际操作时，也可以手动对各种音频滤镜进行添加和设置，从而满足工作中的不同需求。将音频滤镜添加到素材上的方法与视频滤镜添加到素材上的方法类似，惟一区别是拖动音频滤镜到时间线轨道的音频素材上，而不是视频素材。

1．低通滤波

"低通滤波"滤镜的主要作用是过滤声音，某些超过设定频率的声音将被阻隔、减弱，通常应用于声音比较嘈杂的音频中。

设置"低通滤波"滤镜的方法为：在信息面板中双击"低通滤波"选项，在打开的"低通滤波"对话框中设置"截止频率"参数即可，如图 6-48 所示。

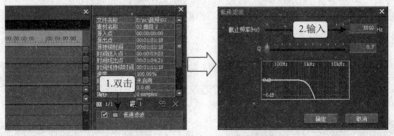

图 6-48　设置低通滤波滤镜

2．参数平衡器

"参数平衡器"滤镜可通过对 3 种不同波段频率和增益（音量大小）的设置，调整音频素材的效果。

下面以调整参数平衡器中三个波段的频率和增益为例，熟悉该滤镜的使用方法。

 实例 6-6——应用参数平衡器滤镜特效

素材文件	素材\第 6 章\城市夜景.ezp	效果文件	效果\第 6 章\城市夜景.ezp
视频文件	视频\第 6 章 6-6.swf	操作重点	设置参数平衡器滤镜参数

1 打开光盘提供的素材文件"城市夜景.ezp"，在"特效"面板中选择"音频滤镜"选

项，再在右侧列表框中选择"参数平衡器"选项，如图 6-49 所示。

2 将选择的音频特效拖动到"音频 1"轨道的音频素材上，如图 6-50 所示。

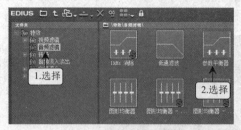

图 6-49　选择音频滤镜

图 6-50　添加音频滤镜

3 在"信息"面板中双击"参数平衡器"选项，如图 6-51 所示。

4 打开"参数平衡器"对话框，在"波段 1（蓝）"中将频率调整为"500"、增益调整为"0"，如图 6-52 所示。

图 6-51　设置音频滤镜

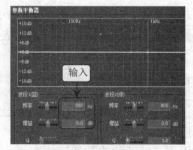

图 6-52　设置波段 1

5 在"波段 2（绿）"中将频率调整为"450"、增益调整为"-2"，如图 6-53 所示。

6 在"波段 3（红）"中将频率调整为"800"、增益调整为"-1"，单击 确定 按钮，如图 6-54 所示。完成设置预览素材效果即可。

TIPS

在"参数平衡器"的预览区中直接拖动横向水平白色线与垂直的蓝色、绿色、红色三条线相交的三个交点可快速地更改三个波段的频率和增益。

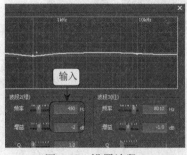

图 6-53　设置波段 2

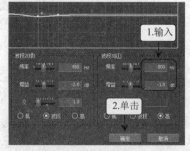

图 6-54　设置波段 3

3．变调

"变调"滤镜可调节音高的百分比，百分比超过 100%则音调变高；低于 100%则音调变低。"变调"滤镜在转换音调时能保持音频的播放速度不变。

设置"变调"滤镜的方法为：在信息面板中双击"变调"选项，在打开的"变调"对话框中设置"音高"参数大小即可，如图 6-55 所示。

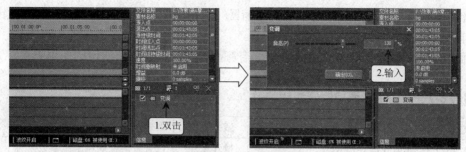

图 6-55　设置变调滤镜

4．图形均衡器

"图形均衡器"滤镜可调整音频素材的低音效果、中音效果和高音效果，将其三种音效中的某一项或全部增强。

设置"图形均衡器"滤镜的方法为：在信息面板中双击"图形均衡器"选项，在打开的"图形均衡器"对话框中拖动各增益上的滑块即可设置，如图 6-56 所示。

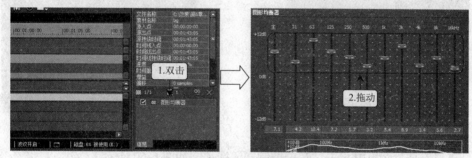

图 6-56　设置图形均衡器滤镜

　在每个频率滑块下方的文本框中直接输入数字可进行精确的设置。

5．延迟

"延迟"滤镜可调节延迟时间、延迟增益、反馈增益和主音量，通过"延迟"滤镜的设置可产生回声的效果，以此来增加听觉上的空旷感。

设置"延迟"滤镜的方法为：在信息面板中双击"延迟"选项，在打开的"延迟"对话框中设置各参数即可，如图 6-57 所示。

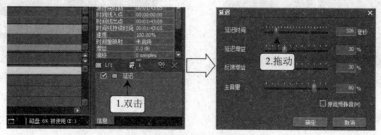

图 6-57　设置延迟滤镜

6．音调控制器

"音调控制器"滤镜的效果与"图形均衡器"滤镜类似，但是"音调控制器"滤镜只提供了低音增强和高音增强两种特效。

下面以为素材添加并设置"高音增强"音频滤镜为例，介绍该滤镜的使用方法。

 实例 6-7——应用音调控制器滤镜特效

素材文件	素材\第 6 章\夜景.ezp	效果文件	效果\第 6 章\夜景.ezp
视频文件	视频\第 6 章 6-7.swf	操作重点	设置音调控制器滤镜参数

1 打开光盘提供的素材文件"夜景.ezp"，在"特效"面板中选择"音频滤镜"选项，然后选择右侧列表框中的"音调控制器"选项，如图 6-58 所示。

2 将选择的音频滤镜拖动到"音频 1"轨道的音频素材上，如图 6-59 所示。

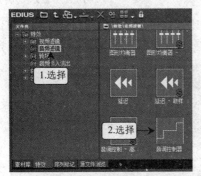

图 6-58　选择音频滤镜

图 6-59　添加音频滤镜

3 在"信息"面板中双击"音调控制器"选项，如图 6-60 所示。

4 打开"音调控制器"对话框，向上拖动"高音"栏的"增益"滑块至适当位置，单击 确定 按钮，如图 6-61 所示。完成设置预览素材效果即可示。

图 6-60　选择音频滤镜

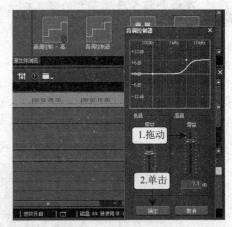

图 6-61　设置高音增益

7．音量电位与均衡

"音量电位与均衡"滤镜的作用为调节左右声道与各自的音量，是比较常用的音频处理滤镜。

下面以设置素材的左右声道效果及音量为例，熟悉该滤镜的使用方法。

实例 6-8——应用音量电位与均衡滤镜特效

素材文件	素材\第 6 章\轻音乐.ezp	效果文件	效果\第 6 章\轻音乐.ezp
视频文件	视频\第 6 章 6-8.swf	操作重点	设置音量电位与均衡滤镜参数

1　打开光盘提供的素材文件"轻音乐.ezp"，在"特效"面板中选择"音频滤镜"选项，然后选择右侧列表框中的"音量电位与均衡"选项，如图 6-62 所示。

2　将选择的音频滤镜拖动到"音频 1"轨道的音频素材上，如图 6-63 所示。

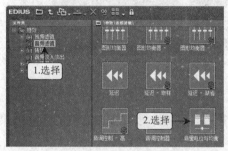
图 6-62　选择音频滤镜

图 6-63　添加音频滤镜

3　在"信息"面板中双击"音量电位与均衡"选项，如图 6-64 所示。

4　打开"音量电位与均衡"对话框，将"左声道"栏中的水平滑块向右拖动到适当位置，在下方的文本框中输入"-3"，再将"右声道"栏中的水平滑块向左拖动到适当位置，在下方的文本框中输入"3"，单击　确定　按钮，如图 6-65 所示。

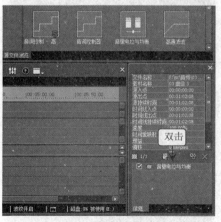
图 6-64　选择音频滤镜

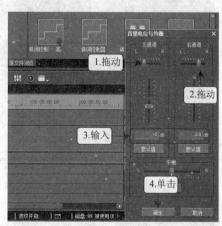
图 6-65　设置左右声道的位置和效果

6.3　上机实训——制作"街景"视频

下面将在提供的素材上通过添加视频滤镜和音频滤镜等操作来编辑素材内容，巩固相关知识的操作方法，本实训的效果如图 6-66 所示。

素材文件	素材\第 6 章\街景.ezp、01.avi…	效果文件	效果\第 6 章\街景.ezp
视频文件	视频\第 6 章\6-9-1.swf、6-9-2.swf	操作重点	添加滤镜、修改滤镜参数、复制滤镜

图 6-66　预览素材的效果

1. 添加视频滤镜

下面将通过添加 YUV 曲线、色彩平衡和锐化等视频滤镜来改善视频素材的画质效果，其操作步骤如下。

1 打开光盘提供的素材文件"街景.ezp"，将视频滤镜中的"锐化"滤镜添加到"01"素材上，然后在"信息"面板中双击"锐化"选项，如图 6-67 所示。

2 打开"锐化"对话框，将"清晰度"栏右侧文本框中的数值设置为"35"，单击 确认 按钮，如图 6-68 所示。

图 6-67　选择音频滤镜

图 6-68　设置清晰度

3 在"01"素材上按住鼠标右键不放，拖动至"02"素材上，如图 6-69 所示。

4 释放鼠标，在弹出的快捷菜单中选择【部分替换】/【滤镜】菜单命令，如图 6-70 所示。

图 6-69　复制滤镜

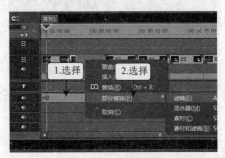

图 6-70　替换滤镜

5　此时"02"素材应用了与"01"素材相同参数的视频滤镜，如图 6-71 所示。

6　按相同方法为其他视频素材复制相同的视频滤镜，如图 6-72 所示。

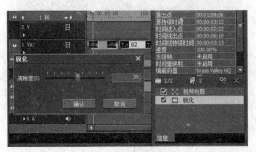

图 6-71　应用滤镜

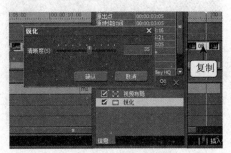

图 6-72　复制滤镜

7　将"视频滤镜/色彩校正"类的"YUV 曲线"滤镜拖动到"06"素材上，并在"信息"面板中打开"YUV 曲线"对话框，调整"Y"曲线的控制点，如图 6-73 所示，然后确认设置。

8　将"视频滤镜/色彩平衡"类的"色彩平衡"滤镜拖动到"07"素材上，并在"信息"面板中打开"色彩平衡"对话框，调整"对比度"栏的滑块，使其参数显示为"16"，如图 6-74 所示，然后确认设置。

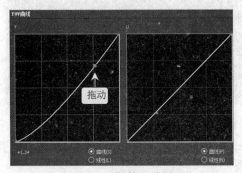

图 6-73　调整 Y 曲线

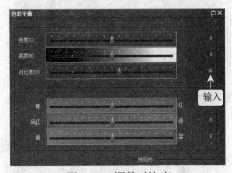

图 6-74　调整对比度

如果某个视频滤镜的设置对话框下方出现类似视频布局的设置界面，则可按视频布局的设置方法，通过插入关键帧来设置不同时刻的滤镜属性，从而实现动态变化的效果。

2. 添加音频滤镜

下面将使用音频滤镜调整音频素材的音量和音效。

1　为"m2"素材添加"音频滤镜"类的"音调控制器"滤镜，然后在"信息"面板中双击"音调控制器"选项，如图 6-75 所示。

2　在打开的对话框中将低音和高音的增益均设置为"5"，单击 确定 按钮，如图 6-76 所示。

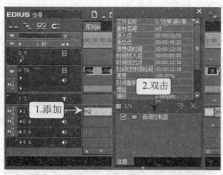

图 6-75　设置音频滤镜

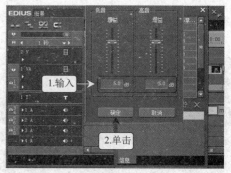

图 6-76　设置低音和高音增益

3 为"m2"素材添加"音频滤镜"类的"图形均衡器"滤镜，并在"信息"面板中双击"图形均衡器"选项，如图 6-77 所示。

4 打开"图形均衡器"对话框，在其中将各频率的增益调整为如图 6-78 所示的位置，并确认设置。

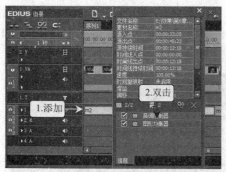

图 6-77　设置音频滤镜

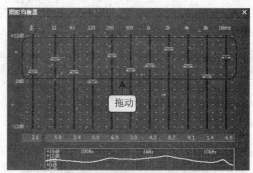

图 6-78　调整音量均衡效果

5 为"m1"素材添加"音频滤镜"类的"音量电位与均衡"滤镜，然后在"信息"面板中双击"音量电位与均衡"选项，如图 6-79 所示。

6 打开"音量电位与均衡"对话框，在其中将"左通道"和"右通道"的增益设置为"3"，如图 6-80 所示，然后确认设置，完成所有操作。

图 6-79　设置音频滤镜

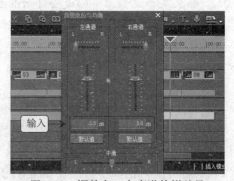

图 6-80　调整左、右声道的增益量

6.4　本章小结

本章主要讲解了视频滤镜和音频滤镜的基本操作和应用方法，包括修改滤镜的参数、启用与禁用滤镜、复制与删除滤镜、应用滤镜等内容。

其中关于设置滤镜的方法需要非常熟悉，并着重掌握修改滤镜、复制与删除滤镜的操作，除此之外，需要熟悉常见的视频和音频滤镜应用后的效果，如 YUV 曲线、三路色彩校正、色彩平衡、平滑模糊、手绘遮罩、镜像、低通滤波、参数平衡器、延迟、音调控制器、音量电位与均衡等。

6.5　疑难解答

1．问：除了在信息面板中双击滤镜选项打开滤镜的参数对话框外，还有其他方法打开滤镜的参数对话框吗？

答：在信息面板中选择滤镜选项后，在上方单击"打开设置对话框"按钮■也可打开滤镜的参数对话框。

2．问：在设置与颜色相关的参数时，选中"安全色"复选框有什么作用？

答：选中"安全色"复选框后，当设置的颜色显示超出了电视制式范围的颜色时，计算机可自动调节过暗或过亮的颜色来保护颜色的可视安全性。

3．问：除了在信息面板中删除应用的滤镜以外，还有其他方法删除滤镜吗？

答：在时间线轨道的素材上单击鼠标右键，在弹出的快捷菜单中选择【删除部分】/【滤镜】/【视频】菜单命令，或选择【删除部分】/【滤镜】/【音频】菜单命令可分别将该素材上的视频或音频滤镜删除，并保留素材本身。

6.6　习题

1．打开素材提供的"冰雪.ezp"工程文件（素材/第 6 章/课后练习/冰雪.ezp），添加视频和音频滤镜，并设置其参数，最终得到的素材效果如图 6-81 所示（效果/第 6 章/课后练习/冰雪.ezp）。

(1) 使用"图形均衡器"音频滤镜适当增加"m2"音频的音量。

(2) 为"01"素材添加"三路色彩校正"滤镜，并设置滤镜参数中的"白平衡"的"cb"和"cr"分别为"40"和"-40"。

图 6-81　预览素材的效果

2．打开素材提供的"冰雪 2.ezp"工程文件（素材/第 6 章/课后练习/冰雪 2.ezp），复制视频滤镜，并设置高斯模糊参数的动态效果，预览素材的效果如图 6-82 所示（效果/第 6 章/课后练习/冰雪 2.ezp）。

（1）将"02"素材上所应用的所有视频滤镜复制到"04"素材上。

（2）在"04"素材中启用"高斯模糊"滤镜，在"高斯模糊"滤镜的对话框中将时间线滑块拖动到起始位置，选中"高斯模糊"复选框，设置水平模糊和垂直模糊数值为"10%"，然后将时间线滑块拖动到"3 秒"处，设置水平模糊和垂直模糊数值为"0%"。

图 6-82　预览素材的效果

第 7 章　转场的应用

转场是指电视视频中场景与场景之间的过渡或转换，其作用是为了更好的衔接前后视频画面。EDUIS 7 拥有丰富的镜头转场效果，在特效面板中的转场目录中包括 2D、3D、GPU 等上百种转场效果。本章将详细介绍视频转场的基本操作和应用，同时还会介绍音频的淡入与淡出转场效果的应用方法。

 学习要点

➤ 掌握转场的基本操作
➤ 熟悉常见转场的应用
➤ 了解音频淡入淡出转场的应用

7.1　转场的基本操作

在视频制作过程中，恰当引用转场效果可使素材与素材之间的转换显得生动、美观。下面主要介绍转场的基本操作，包括添加、复制、删除和设置转场等内容。

7.1.1　添加转场

添加转场之前首先应考虑素材有无边缘余量，如果素材没有边缘余量，时间线轨道上素材的两端会出现灰色三角形标记█或█；如果素材有边缘余量，两端不会出现灰色三角形标记。

1. 添加转场效果

添加转场时，EDIUS 7 会根据素材是否保留了边缘余量采用不同的转场添加方法，也会得到不同的转场效果，具体的添加方法如下。

（1）**添加有边缘余量的素材**：在"特效"面板中选择转场效果，将其拖动到时间线上视频轨道中两个素材的相邻端即可添加，如图 7-1 所示。播放素材，在转场效果展现时，前后两个画面将会同时存在于转场中，如图 7-2 所示。

图 7-1　添加转场

图 7-2　预览素材

（2）**添加没有边缘余量的素材**：采用拖动转场效果的添加方法，只能拖动到时间线上的转场轨道中添加，如图 7-3 所示。播放素材，在转场效果展现时，转场存在于哪一个素材中，则播放窗口中相应只会出现这一个素材的画面，如图7-4所示。

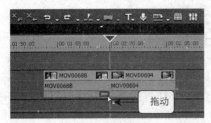

图7-3　添加转场

图7-4　预览素材

在有边缘余量的素材上添加转场时，同样可以将转场添加到时间线的转场轨道上，得到的播放效果和没有边缘余量时的效果相同；但是在没有边缘余量的素材上添加转场时，则不能将其添加到时间线的视频轨道上，因而得不到有边缘余量时的播放效果。

2．手动设置边缘余量

在有边缘余量的素材中添加转场可以得到两种不同的转场效果，而没有边缘余量的素材中只能得到一种转场效果。

将时间线轨道上素材的一端或两端添加剪切点，然后保留中间部分，从而得到的视频素材即为有边缘余量的素材。

下面以设置素材的边缘余量并添加转场效果为例，熟悉边缘余量的设置和转场的添加方法。

 实例 7-1——设置素材的边缘余量

素材文件	素材\第7章\赛车.ezp	效果文件	效果\第7章\赛车.ezp
视频文件	视频\第7章\7-1.swf	操作重点	设置边缘余量、添加转场

1　打开光盘提供的素材文件"赛车.ezp"，将时间线滑块拖动到5秒处，在预览窗口中选择【编辑】/【添加剪切点】/【所有轨道】菜单命令，如图7-5所示。

2　确认选中被剪切的素材的后半部分，在时间线窗口的工具栏中单击"波纹删除"按钮，如图7-6所示。

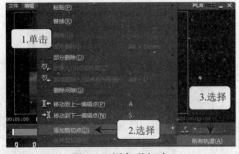

图7-5　添加剪切点

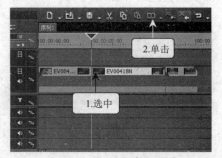

图7-6　波纹删除素材

3　在素材库窗口中选择"特效"选项卡，然后依次展开"特效/转场/2D"目录，在右侧

列表框中选择"拉伸"选项，如图 7-7 所示。

　　4 将选中的转场特效拖动到时间线轨道右侧素材的视频轨道上，如图 7-8 所示。

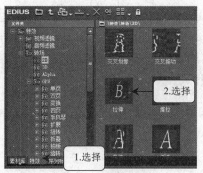

图 7-7　选择转场

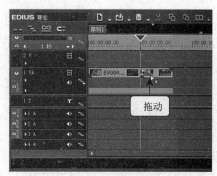

图 7-8　添加转场

　　5 设置完成后预览素材，效果如图 7-9 所示。

图 7-9　预览素材

3．设置默认转场

　　对于经常使用的转场效果，可将其设置为默认的转场，在时间线窗口中便可一键应用。在"特效"面板中的转场选项上单击鼠标右键，在弹出的快捷菜单中选择"设置为默认特效"命令即可设置默认转场，如图 7-10 所示。在时间线轨道上选中素材后，在上方工具栏中单击"设置默认转场"按钮 即可快速应用，如图 7-11 所示。

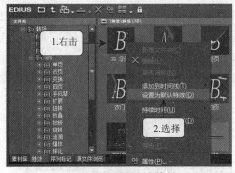

图 7-10　设置默认特效

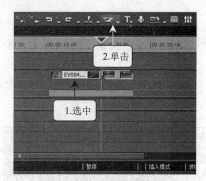

图 7-11　应用默认特效

7.1.2　设置转场

　　设置转场是指在信息面板中对应用的转场效果选项进行设置，包括修改转场参数、调整转场顺序、显示与隐藏转场等操作。

　　修改转场参数的操作步骤与修改滤镜的操作步骤有所区别，当添加转场到时间线轨道的素材上后，需要选中该转场，在信息面板中才会显示转场的选项，然后在信息面板中双击转场选项，或直接在时间线轨道的转场上双击，在打开的对话框中便可对其参数进行修改。

 与滤镜类似，对于已更改参数且常用的转场，可在信息面板中的该转场选项上单击鼠标右键，在弹出的快捷菜单中选择"另存为当前用户配置"命令，将其存储在"特效"面板的预设转场中，便于日后调用。用户自己存储的预设转场会在其缩略图的右下角显示黄色的大写字母"U"样式。

下面以更改拉伸转场的参数设置为例，介绍更改转场参数的方法。

 实例 7-2——更改转场参数

素材文件	素材\第 7 章\赛车 2.ezp	效果文件	效果\第 7 章\赛车 2.ezp
视频文件	视频\第 7 章\7-2.swf	操作重点	更改转场参数

1 打开光盘提供的素材文件"赛车 2.ezp"，在时间线轨道中选中转场，然后在信息面板中双击"拉伸"选项，如图 7-12 所示。

2 打开"拉伸"对话框，在"参数"选项卡的"方向"栏中单击左上角按钮 ，如图 7-13 所示。

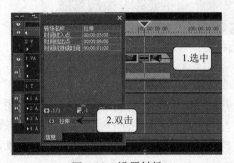

图 7-12　设置转场

图 7-13　选择方向

3 在"拉伸"对话框中向右拖动时间线滑块到适当位置，在左侧参数区中选中"参数"复选框，再在上方"边框"栏中选中"颜色"复选框，向上拖动宽度按钮到"20"，如图 7-14 所示。

4 向左拖动时间线滑块到起始位置，在左侧参数区中设置"宽度"为"0"，单击 确定(O) 按钮，如图 7-15 所示。

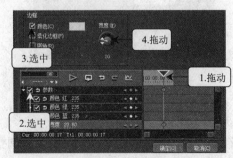

图 7-14　插入帧

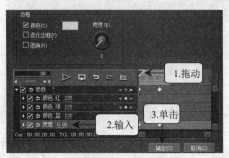

图 7-15　插入帧

5 设置完成后预览素材，效果如图 7-16 所示。

图 7-16 预览素材

 在信息面板中可调整转场顺序、显示和隐藏转场，其操作方法与滤镜的调整顺序、显示和隐藏的操作方法相同。

7.1.3 复制转场

选中时间线轨道上的转场，然后按住鼠标左键拖动到适当位置释放鼠标即可，如图 7-17 所示。

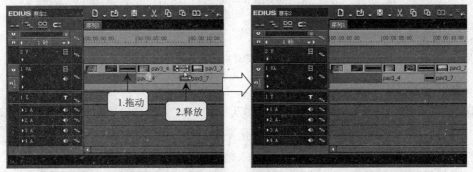

图 7-17 复制转场

7.1.4 删除转场

选中时间线轨道上的转场，然后单击上方工具栏中的"删除"按钮 即可，如图 7-18 所示。

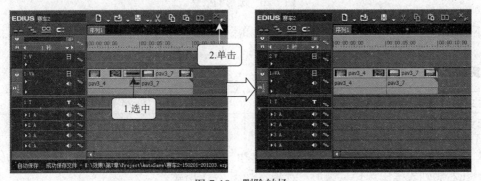

图 7-18 删除转场

7.2 常见转场的应用

下面将介绍常见的转场应用于素材后的效果，并重点介绍一些参数较为复杂的转场的设置方法。

7.2.1 2D 转场

2D 转场可以在同一个平面中对素材进行过渡处理，其过渡效果比较单一，但由于过渡较为流畅，因此使用较为普遍。

1．交叉划像

"交叉划像"转场的 AB 视频都不会运动，只是它们的可见转换区域作条状划像过渡。在其参数设置对话框中可进行条纹的方向和数量等参数的设置，应用该转场后的效果如图 7-19 所示。

图 7-19　交叉划像的效果

2．圆形

"圆形"转场是以圆形过渡的形式进行镜头切换，在其参数设置对话框中可进行圆形的位置、形状、个数、边框的颜色以及关键帧等参数的设置，效果如图 7-20 所示。

图 7-20　圆形的效果

下面以设置转场为椭圆形并更改其位置和添加边框为例，介绍圆形转场的设置方法。

 实例 7-3——应用圆形转场特效

素材文件	素材\第 7 章\喇叭花.ezp	效果文件	效果\第 7 章\喇叭花.ezp
视频文件	视频\第 7 章\7-3.swf	操作重点	更改圆形转场参数

1　打开光盘提供的素材文件"喇叭花.ezp"，在"特效"面板中展开"特效/转场/2D"目录，在右侧列表框中选择"圆形"选项，如图 7-21 所示。

2　将选择的转场选项拖动到时间线轨道的视频轨道上，如图 7-22 所示。

3　在刚添加的转场上双击鼠标，如图 7-23 所示。

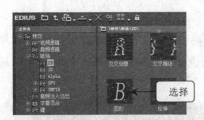
图 7-21 选择转场

图 7-22 添加转场

4 打开"圆形"对话框，在"圆心"栏中向左拖动"X"按钮到"34%"位置，向右拖动"Y"按钮到"66%"位置，在右侧向右拖动"形状"按钮到"40%"位置，在下方"边框"栏中选中"颜色"复选框和"柔化边框"复选框，如图 7-24 所示。

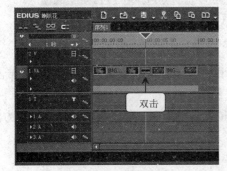
图 7-23 设置转场

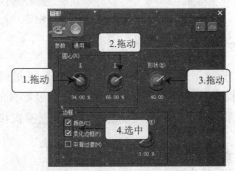
图 7-24 设置圆心位置、形状和边框

5 确认设置后，在"圆形"对话框中单击 确定(O) 按钮，如图 7-25 所示。

6 完成设置后预览素材，效果如图 7-26 所示。

图 7-25 确认设置 　　　　　　　　图 7-26 预览素材

3 . 推拉

"推拉"转场可将 AB 视频各自压缩或延伸，即在播放画面中一个视频画面将另一个视频画面推出界面或是拉回界面，在其参数设置对话框中可进行推拉的方向、起始位置、边框的颜色以及关键帧等参数的设置，应用该转场后的效果如图 7-27 所示。

图 7-27 推拉的效果

4. 时钟

"时钟"转场类似于时钟的走向，以扇形的形式慢慢展开后一个视频画面，在其参数设置对话框中可进行时钟的样式、扇区的个数、圆心的位置以及关键帧等参数的设置，应用该转场后的效果如图 7-28 所示。

图 7-28　时钟的效果

5. 板块

"板块"转场类似于矩形运动的轨迹过渡，在其参数设置对话框中可进行板块的样式、过程模式、开始位置以及分块的数量等参数的设置。

下面以设置板块转场的样式、过程模式和开始位置参数为例，熟悉板块转场的设置方法。

 实例 7-4——应用板块转场特效

素材文件	素材\第 7 章\菊花.ezp	效果文件	效果\第 7 章\菊花.ezp
视频文件	视频\第 7 章\7-4.swf	操作重点	更改板块转场参数

1 打开光盘提供的素材文件"菊花.ezp"，在时间线轨道上双击板块转场，如图 7-29 所示。

2 打开"板块"对话框，在"样式"栏中单击█按钮，在"过程模式"栏中单击█按钮，在"方向"栏中单击█按钮，确认设置，如图 7-30 所示。

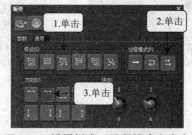

图 7-29　设置转场　　　　　　　　　图 7-30　设置样式、过程模式和方向

3 完成设置后预览素材，效果如图 7-31 所示。

图 7-31　预览素材

6．溶化

"溶化"转场是指 AB 画面整体相溶的过渡效果，在其参数设置对话框中，只能在"时间"选项卡中对相溶过程的固定模式和关键帧进行设置，而"参数"按钮为不可选择状态，所以不能对样式、方向或个数等参数进行设置。

 在所有的 2D 转场参数设置对话框中都有"时间"选项卡，只需在对话框上方单击 按钮即可切换到"时间"选项卡，其中的内容和"溶化"转场中的"时间"选项卡中的内容相同，并且其中参数的作用也一致。

下面以选择溶化转场的预设效果为例，熟悉溶化转场的设置方法。

 实例 7-5——应用溶化转场特效

素材文件	素材\第 7 章\桃子.ezp	效果文件	效果\第 7 章\桃子.ezp
视频文件	视频\第 7 章\7-5.swf	操作重点	更改溶化转场参数

1 打开光盘提供的素材文件"桃子.ezp"，在时间线轨道上双击转场素材，如图 7-32 所示。

2 打开"溶化"对话框，在"时间"选项卡的"预设"栏中的下拉列表框中选择"到中间"选项，单击 确定(O) 按钮，如图 7-33 所示。

图 7-32 设置转场

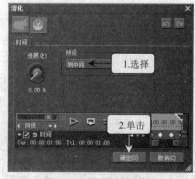

图 7-33 设置预设进展

3 完成设置后预览素材，效果如图 7-34 所示。

7．滑动

"滑动"转场拥有各式各样的滑动过渡方式，在其参数设置对话框中可进行滑动的样式和开始方向等参数的设置，应用该转场后的效果如图 7-35 所示。

图 7-34 预览素材

图 7-35　滑动效果

7.2.2　3D 转场

3D 转场与 2D 转场相比，其过渡效果更具立体感。EDIUS 7 提供了 13 种 3D 转场方式，可供用户任意选择使用。

1．3D 溶化

"3D 溶化"转场与 2D 溶化转场的区别在于画面可在三维空间运动，并能设置运动的坐标、光照效果、边缘大小和颜色、阴影的可见度以及关键帧等参数。

下面以设置 3D 溶化转场的各参数为例，介绍 3D 溶化转场的设置方法。

 实例 7-6——应用 3D 溶化转场特效

素材文件	素材\第 7 章\狗尾草.ezp	效果文件	效果\第 7 章\狗尾草.ezp
视频文件	视频\第 7 章\7-6.swf	操作重点	更改 3D 溶化转场参数

1 打开光盘提供的素材文件"狗尾草.ezp"，在"特效"面板中依次展开"特效/转场/3D"目录，在右侧列表框中选择"3D 溶化"选项，如图 7-36 所示。

2 将选择的转场效果添加到时间线轨道的视频轨道中，如图 7-37 所示。

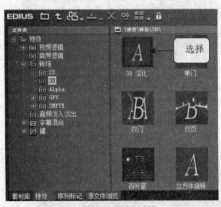

图 7-36　选择转场　　　　　　　　　　图 7-37　添加转场

3 在刚添加的转场素材上双击鼠标，打开"3D 溶化"对话框，在"选项"选项卡的"旋转"栏中将"X"、"Y"和"Z"分别设置为"50"、"50"、"100"，在"深度"栏中的文本框中输入"100"，在"淡化开始时间"栏的文本框中输入"50"，如图 7-38 所示。

4 选择"边缘"选项卡，在"边缘"栏中选中"使用边缘"复选框，在其右侧的文本框中输入"100"，单击下方"颜色"栏中的▒▒▒按钮，如图 7-39 所示。

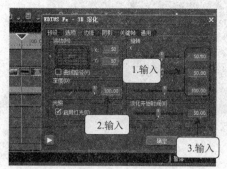

图 7-38 设置旋转方向、深度和淡化时间

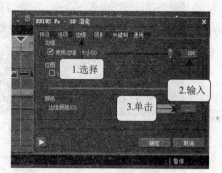

图 7-39 设置边缘颜色

5 打开"色彩选择"对话框，在右上方选择第一列的第三行色块，单击 确定 按钮，如图 7-40 所示。

6 返回"3D 溶化"对话框，选择"关键帧"选项卡，将时间线滑块拖动到适当位置，单击下方的添加"控制点"按钮 +回，将控制点向上拖动到如图 7-41 所示的位置。

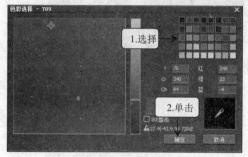

图 7-40 选择颜色

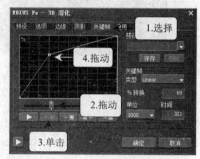

图 7-41 插入帧

7 将时间线滑块向右拖动到适当位置，单击下方的添加"控制点"按钮 +回，将控制点向下拖动到如图 7-42 所示的位置，单击 确定 按钮。

8 设置完成后预览素材，效果如图 7-43 所示。

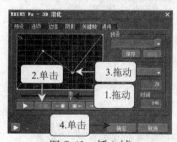

图 7-42 插入帧

图 7-43 预览素材

2．卷页

"卷页"转场模拟书籍翻页卷动的镜头过渡效果，在其参数对话框中可设置卷动的半径大小、背面图像和关键帧等参数，应用该转场后的效果如图 7-44 所示。

在众多 3D 转场效果中还有"双页"和"四页"转场，其转场效果与卷页类似，只是它们分别将画面分为两部分和四部分后再进行卷动过渡。

图 7-44　卷页效果

3．卷页飞出

"卷页飞出"转场是将一个视频画面卷开并飞入或飞出播放画面的效果，可设置的参数与"卷页"转场的参数类似，应用该转场后的效果如图 7-45 所示。

图 7-45　卷页飞出效果

4．双门

"双门"转场可将一个视频画面以类似于"双开门"的效果进行镜头过渡，在其参数对话框中可设置双门的方向、光照强度和角度以及关键帧等参数。

下面以设置双门转场的方向、光照强度和关键帧预设为例，介绍双门转场的设置方法。

实例 7-7——应用双门转场特效

素材文件	素材\第 7 章\水煮鱼.ezp	效果文件	效果\第 7 章\水煮鱼.ezp
视频文件	视频\第 7 章\7-7.swf	操作重点	更改双门转场参数

1　打开光盘提供的素材文件"水煮鱼.ezp"，在时间线轨道上双击转场素材，如图 7-46 所示。

2　打开"双门"对话框，在"选项"选项卡的"方向"栏中单击▣按钮，在"光照"栏中设置"炫光"为"80"、"眩光角度"为"90"，如图 7-47 所示。

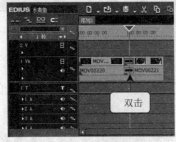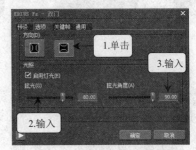

图 7-46　设置转场　　　　　　　　图 7-47　设置方向和光照

3 在上方选择"关键帧"选项卡，在"预设"下拉列表框中选择"Pause halfway"选项，单击 <kbd>确定</kbd> 按钮，如图 7-48 所示。

4 完成设置后预览素材，效果如图 7-49 所示。

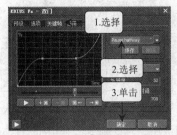

图 7-48　设置关键帧预设　　　　　　　　　　　图 7-49　预览素材

在 3D 转场效果中有"单门"转场，其转场效果与"双门"转场类似，只是在画面中只存在一扇门的过渡效果。

5．球化

"球化"转场是指将 A 视频画面变为球状后再飞出播放窗口的运动效果，在其参数对话框中可设置球化后飞出的方向、球化的光照以及关键帧等参数，应用该转场后的效果如图 7-50 所示。

图 7-50　球化转场

6．百叶窗

"百叶窗"转场主要模拟百叶窗在空间中渐变的过渡效果，在其参数对话框中可设置条纹数量、转动方向、透视效果、光照效果、背景颜色及关键帧等参数，应用该转场后的效果如图 7-51 所示。

图 7-51　百叶窗转场

7．立方体旋转

"立方体旋转"转场是指将 AB 视频画面作为一个立方体，并分别位于立方体的每一个面，然后旋转立方体的过渡效果，在其参数对话框中可设置旋转轴的方向、绕轴旋转的方向、光照、运动的幅度、深度、阴影、背景颜色以及关键帧等参数。

下面以设置立方体旋转转场的常用参数为例，介绍立方体旋转转场的设置方法。

 实例 7-8——应用立方体旋转转场特效

素材文件	素材\第 7 章\鱼缸.ezp	效果文件	效果\第 7 章\鱼缸.ezp
视频文件	视频\第 7 章\7-8.swf	操作重点	更改立方体旋转转场参数

1 打开光盘提供的素材文件"鱼缸.ezp"，在时间线轨道上双击转场素材打开"立方体旋转"对话框，在"选项"选项卡的"主旋转轴"栏中单击■按钮，在"旋转"栏中向右拖动"绕 Z 轴旋转"滑块至"3"的位置，如图 7-52 所示。

2 在上方选择"运动"选项卡，在"运动"栏中设置"幅度"和"深度"都为"100"，选中"螺旋运动"复选框，单击■确定■按钮，如图 7-53 所示。

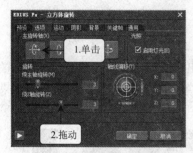
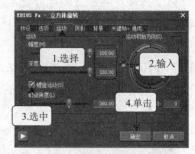

图 7-52 设置旋转方向　　　　　　　　图 7-53 设置运动幅度、深度等

3 设置完成后预览素材，效果如图 7-54 所示。

图 7-54 预览素材

8．翻转

"翻转"转场是指将 AB 视频的画面分别放置在一个平面的正反两面，再在空间中将其反转达到镜头过渡的效果，在其参数对话框中设置的参数类型与"立方体旋转"转场的参数类似，应用该转场后的效果如图 7-55 所示。

图 7-55 预览翻转效果

9. 翻页

"翻页"转场效果与"翻转"转场类似，区别在于在反转过程中其视频画面的一侧会卷动，应用该转场后的效果如图 7-56 所示。

图 7-56 预览翻页效果

7.2.3 Alpha 转场

Alpha 转场目录下只有一个"Alpha 自定义图像"转场，该转场是指通过载入一张图片作为 Alpha 信息控制转场的方式。在转场过程中可根据用户指定图片的明暗信息，先将图片中暗色部分叠化出来，再将亮色部分叠化为黑色。

下面以在"Alpha 自定义图像"转场中添加图片作为过渡效果为例，介绍 Alpha 自定义图像转场的设置方法。

 实例 7-9——应用 Alpha 自定义图像转场特效

素材文件	素材\第 7 章\浪.ezp	效果文件	效果\第 7 章\浪.ezp
视频文件	视频\第 7 章\7-9.swf	操作重点	更改 Alpha 自定义图像转场参数

1 打开光盘提供的素材文件"浪.ezp"，在"特效"面板中依次展开"特效/转场/Alpha"目录，在右侧列表框中选择"Alpha 自定义图像"选项，如图 7-57 所示。

2 将选择的转场拖动到时间线轨道的转场轨道上，双击该转场素材，在"Alpha 自定义图像"对话框中单击"Alpha 位图"按钮▩，如图 7-58 所示。

3 打开"打开"对话框，在"查找范围"下拉列表框中选择路径，在下方列表框中选择"IMG_6274.bmp"选项，单击 打开(O) 按钮，如图 7-59 所示。

 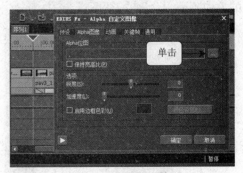

图 7-57 选择转场　　　　　　　　　　图 7-58 设置图片

4 返回"Alpha 自定义图像"对话框，在"选项"栏中向左拖动"锐度"滑块到"-40"位置，单击 确定 按钮，如图 7-60 所示。

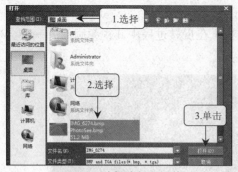

图 7-59 选择路径和图片

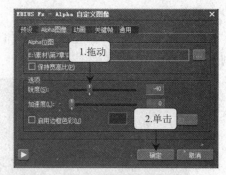

图 7-60 设置锐度

5 设置完成后预览素材，效果如图 7-61 所示。

图 7-61 预览素材

7.2.4 GPU 转场

"GPU 转场"是专门为广播电视制作设计而预设的转场，并将基本的转场效果做了优化处理，可直接调用。

GPU 与电脑 CPU 之间的数据交换全部在 YUV 色彩空间进行，所以运行速度更快，实时性更好。但需要注意的是，"GPU 转场"只在较好的电脑显卡上显示，若使用较低配置的电脑显卡，即使应用了"GPU 转场"也不会显示。

1．单页

"单页"转场是指某一画面以单页的形式滚动翻开或滚动覆盖于另一画面的转场效果。该转场提供了 16 种相同类型的单页转场效果，其中转场的运动方式基本相同，只是翻开或覆盖的方向不同，如图 7-62 所示为 3D 翻动、单页卷动、单页翻动和龙卷风的效果。

图 7-62 单页转场效果的几种类型

下面以设置素材的龙卷风转场效果并设置其参数为例，介绍单页转场的使用方法。

 实例 7-10——应用龙卷风转场特效

素材文件	素材\第 7 章\红头鱼.ezp	效果文件	效果\第 7 章\红头鱼.ezp
视频文件	视频\第 7 章\7-10.swf	操作重点	设置龙卷风转场参数

1 打开光盘提供的素材文件"红头鱼.ezp"，在"特效"面板中依次展开"特效/转场/GPU/单页"目录，选择其中的"龙卷风"选项，然后选择右侧列表框中的"龙卷风转出"选项，如图 7-63 所示。

2 将选择的转场特效拖动到"视频 1"轨道的视频素材上，如图 7-64 所示。

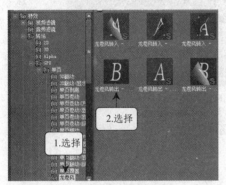

图 7-63 选择转场特效

图 7-64 添加转场特效

3 在信息面板中双击"翻转"选项，如图 7-65 所示。

4 打开"翻转"对话框，在"预设"下拉列表框中选择"在中间结束"选项，在下方展开"进展"选项，在其展开的右侧栏中向上拖动中间左侧控制点到适当位置，确认设置，如图 7-66 所示。

5 完成设置后预览素材效果如图 7-67 所示。

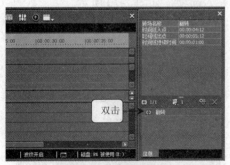

图 7-65 选择转场特效

图 7-66 设置预设和进展

图 7-67 预览素材

2．变换

"变换"转场包含的类型比较多，其中有反弹、回旋、扩大、掉落、旋转、灯光移动、穿透、跳动以及轮转等多种类型，如图 7-68 所示为回旋、灯光、穿透和轮转 4 种变换转场的效果。

图 7-68　变换转场效果的几种类型

下面以设置素材的下幅画面转场效果并设置其参数为例，介绍变换转场的使用方法。

 实例 7-11——应用下幅画面转场特效

素材文件	素材\第 7 章\雪山.ezp	效果文件	效果\第 7 章\雪山.ezp
视频文件	视频\第 7 章\7-11.swf	操作重点	设置下幅画面转场参数

1 打开光盘提供的素材文件"雪山.ezp"，在"特效"面板中依次展开"特效/转场/GPU/变换/下幅画面"目录，然后选择右侧列表框中的"下幅画面-从右"选项，如图 7-69 所示。

2 将选择的转场特效添加到时间线轨道的视频轨道上，双击该转场素材，在"位移"对话框中的"预设"下拉列表框中选择"在中间结束"选项，如图 7-70 所示。

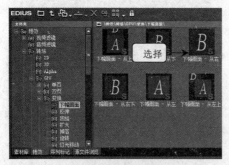

图 7-69　选择转场特效　　　　　　　　图 7-70　设置转场预设

3 在"位移"对话框中单击上方的"参数"按钮，选择"其他设置"选项卡，在"视点"栏中向左拖动"X"按钮至"-100%"位置，如图 7-71 所示。

4 确认设置，在打开的对话框中单击 是(Y) 按钮，设置完成后预览素材，效果如图 7-72 所示。

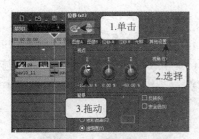

图 7-71 设置视点水平位置　　　　　　　　　图 7-72 预览素材

3．扭转

"扭转"转场是指 AB 视频画面的边缘按曲线轮廓缩小或放大，并做倾斜变化，该转场下面一共提供了 7 种相同类型的扭转转场效果，其中转场的运动方式基本相同，只是发生的远近和方向有所区别，如图 7-73 所示为扭转（环绕）、扭转（环绕.深处）、扭转（直角）和扭转（直角.螺旋.深处）4 种扭转转场的效果。

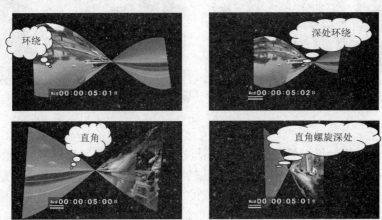

图 7-73 扭转转场效果的几种类型

4．涟漪

"涟漪"转场是指 AB 视频画面的过渡效果就像被风吹起的波纹一样进行过渡，该转场下面一共提供了 7 种类型的涟漪转场效果，其涟漪效果的大小和方向有所区别，如图 7-74 所示为 3D（大波浪）、3D（小波浪）、常规和旗帜 4 种涟漪转场的效果。

图 7-74 涟漪转场效果的几种类型

5．爆炸

"爆炸"转场是指画面的过渡效果就像受到冲击而产生爆炸效果一样进行过渡，该转场下面一共提供了 7 种类型的爆炸转场效果，其区别在于爆炸效果的转入或转出、有无旋转效果、爆炸后的碎片大小，如图 7-75 所示为爆炸转入、爆炸转出、爆炸转出大碎片和爆炸转出小碎片（旋转）4 种爆炸转场的效果。

图 7-75　爆炸转场效果的几种类型

6．管状

"管状"转场是指画面以管状的形态在三维空间中进行旋转后再展开画面的一种过渡效果，该转场下面一共提供了 12 种类型的管状转场效果，分为横管和竖管两种形态，每种形态共有 6 种类型，其类型之间的区别在于管状的离开或飞入、旋转方向等，如图 7-76 所示为横管、横管离开、竖管和竖管离开 4 种管状转场的效果。

图 7-76　管状转场效果的几种类型

7.2.5　SMPTE 转场

SMPTE 转场中的所有转场都比较简单，为视频添加转场效果后不能更改其参数，只能使用当前的预设效果，但在 SMPTE 转场中又存在非常丰富的转场效果，几乎包含了所有转场效果的类型，能使用户既方便又快捷的应用。下面将介绍 SMPTE 转场中几种常用的转场效果。

1. 增强划像

"增强划像"转场效果是指画面以某一种几何图形为轮廓慢慢的展现出来，其中的几何图形有心形、三角形、五角星、椭圆以及多边形等 23 种类型，如图 7-77 所示为其中几种增强划像转场的效果。

图 7-77　增强划像转场效果的几种类型

2. 旋转划像

"旋转划像"转场是以左上、左下、右上、右下和中心为轴进行 2D 旋转的划像方式，其中包括类似于时钟旋转等 20 种不同的旋转效果，如图 7-78 所示为其中几种旋转划像转场的效果。

图 7-78　旋转划像转场效果的几种类型

3．滑动划像

"滑动划像"转场是包括上、下、左、右、左上、右上、左下、右下 8 个方向的平移划像效果，如图 7-79 所示为其中几种滑动划像转场的效果。

图 7-79　滑动划像转场效果的几种类型

4．马赛克划像

"马赛克划像"转场是包括上、下、左、右、左上、右上、顺时针回字、水平对称和双回字等 31 种视频过渡效果，如图 7-80 所示为其中几种马赛克划像转场的效果。

图 7-80　马赛克划像转场效果的几种类型

7.2.6　音频淡入淡出

音频淡入淡出的作用是创建时间线轨道上两段音频素材之间的过渡。在"特效"面板的"音频淡入淡出"目录下提供了剪切、曲线和线性 3 种类型的 7 个音频淡入淡出方式。

音频淡入淡出也是一种转场效果，所以它的用法与转场效果的用法一致，将选定的音频淡入淡出特效拖动到时间线轨道的两段音频素材的交界处即可应用。被添加的音频淡入淡出不能进行参数设置，但可调节持续时间。

下面以添加"曲线出/入"音频转场为例，介绍音频淡入淡出效果的添加方法。

实例 7-12——应用音频淡入淡出转场特效

素材文件	素材\第 7 章\音频转场.ezp	效果文件	效果\第 7 章\音频转场.ezp
视频文件	视频\第 7 章\7-12.swf	操作重点	设置音频淡入淡出转场参数

　1　打开光盘提供的素材文件"音频转场.ezp"，在"特效"面板中展开"特效"目录，选择其中的"音频淡入淡出"选项，然后选择右侧列表框中的"曲线 出/入"选项，如图 7-81 所示。

　2　将选择的音频转场直接拖动到音频轨道上两个音频素材之间，如图 7-82 所示。

图 7-81　选择转场

图 7-82　添加转场

　3　在刚添加的音频转场上单击鼠标右键，在弹出的快捷菜单中选择"持续时间"命令，如图 7-83 所示。

　4　打开"持续时间"对话框，将"持续时间"设置为"2 秒"，单击 确定 按钮，完成设置，如图 7-84 所示。

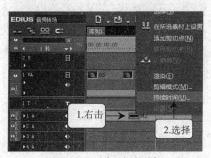

图 7-83　选择持续时间

图 7-84　设置持续时间

7.3　上机实训——完善"街景"视频

　　下面将在提供的素材上通过添加视频转场和音频转场等操作来完善素材内容，巩固相关知识的操作方法，本实训的效果如图 7-85 所示。

素材文件	素材\第 7 章\街景.ezp、01.avi…	效果文件	效果\第 7 章\街景.ezp
视频文件	视频\第 7 章\7-13-1.swf、7-13-1.swf	操作重点	添加转场、修改转场参数

图 7-85　预览素材的效果

1．添加视频转场

下面将通过添加 YUV 曲线、色彩平衡和锐化等视频滤镜来改善视频素材的画质效果。

1 将"2D"类的"溶化"转场拖动到"01"素材下方混合器通道的左侧，为其添加溶化的出现过渡效果，如图 7-86 所示。

2 将"2D"类的"溶化"转场拖动到"08"素材下方混合器通道的右侧，为其添加溶化的消失过渡效果，如图 7-87 所示。

图 7-86　添加 2D 转场

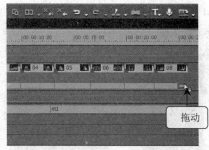

图 7-87　添加 2D 转场

3 将"2D"类的"推拉"转场拖动到"01"素材下方混合器通道的右侧，以及"02"素材下方混合器通道的左侧，如图 7-88 所示。

4 将"2D"类的"条纹"转场拖动到"02"素材下方混合器通道的右侧，以及"03"素材下方混合器通道的左侧，如图 7-89 所示。

图 7-88　添加 2D 转场

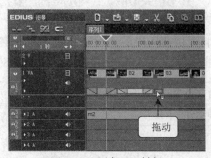

图 7-89　添加 2D 转场

5 将"2D"类的"滑动"转场拖动到"03"素材下方混合器通道的右侧，以及"04"素材下方混合器通道的左侧，如图 7-90 所示。

6 将"3D"类的"百叶窗"转场拖动到"04"素材下方混合器通道的右侧，如图 7-91 所示。

图 7-90 添加 2D 转场

图 7-91 添加 3D 转场

7 在"信息"面板中双击"百叶窗"选项，如图 7-92 所示。

8 打开"百叶窗"对话框，单击"选项"选项卡，将"条纹数量"设置为"10"，单击如图 7-93 所示的转动方向按钮，然后单击 确定 按钮。

图 7-92 设置百叶窗转场

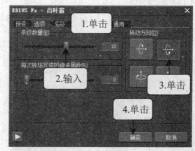
图 7-93 设置条纹数量和转动方向

9 按相同方法为"05"素材下方混合器通道的左侧添加"百叶窗"转场，并设置为相同的参数，如图 7-94 所示。

10 将"3D"类的"卷页"转场拖动到"05"素材下方混合器通道的右侧，以及"06"素材下方混合器通道的左侧，如图 7-95 所示。

图 7-94 添加 3D 转场

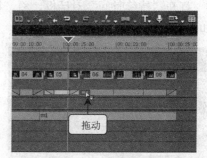
图 7-95 添加 3D 转场

11 将"GPU/涟漪/3D"类的"3D 涟漪"转场拖动到"06"素材下方混合器通道的右侧，以及"07"素材下方混合器通道的左侧，如图 7-96 所示。

12 将"GPU/扩展/双重"类的"双扩展（交叉 2）"转场拖动到"07"素材下方混合器通道的右侧，以及"08"素材下方混合器通道的左侧，如图 7-97 所示。完成转场的添加与设置操作。

图 7-96　添加 GPU 转场

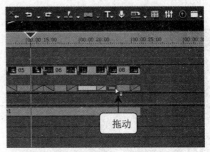

图 7-97　添加 GPU 转场

2．添加音频转场

下面将使用音频转场控制两个音频素材的过渡效果。

1　在"特效"面板中展开"特效"目录，选择其中的"音频淡入淡出"选项，然后选择右侧列表框中的"线性 出/入"选项，如图 7-98 所示。

2　将选择的音频转场直接拖动到时间线轨道的音频轨道上"m2"和"m1"素材之间，如图 7-99 所示。

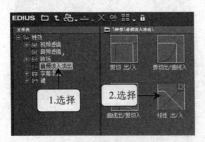

图 7-98　选择音频转场

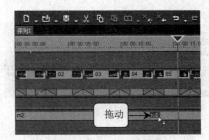

图 7-99　添加音频转场

3　在刚添加的音频转场上单击鼠标右键，在弹出的快捷菜单中选择"持续时间"命令，如图 7-100 所示。

4　打开"持续时间"对话框，将"持续时间"设置为"3 秒"，单击 确定 按钮，完成设置，如图 7-101 所示。

图 7-100　选择持续时间

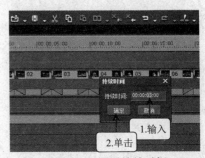

图 7-101　设置持续时间

7.4 本章小结

本章主要讲解了视频转场和音频转场的基本操作和应用方法，包括添加转场、修改转场的参数、复制与删除转场、应用转场等方法。

其中关于设置转场的方法需要熟练掌握，并着重掌握添加转场、修改转场、复制与删除转场等基本操作，另外需要熟悉常见的视频和音频转场应用后的效果，如 2D 转场中交叉划像、推拉、板块、溶化，3D 转场中的卷页、双门、球化、翻转，Alpha 自定义图像转场和音频淡入淡出等。

7.5 疑难解答

1. 问：若视频素材的播放时间为 10 秒，那么添加转场后播放时间会如何变化？

答：添加转场后，将会损失部分素材的长度，但在播放转场时也会继续播放视频，所以素材加上转场后的总时间是不会变的，也是 10 秒。

2. 问：在转场的参数设置对话框中的关键帧有哪几种类型？分别代表什么意思？

答：关键帧类型有 4 种，"Linear" 表示过渡效果匀速变换；"EaseIn" 表示入点快、出点慢；"Ease Out" 表示入点慢、出点快；"Ease In/Out" 表示出入点快，中间慢。

3. 问：更改转场的持续时间除了在对话框中设置以外，还有其他方法吗？

答：有。在时间线轨道上选择转场素材后，直接拖动黄色控制条可调整转场时间，如图 7-102 所示。

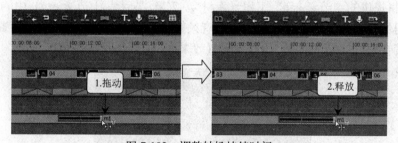

图 7-102 调整转场持续时间

4. 问：在 "Alpha 自定义图像" 转场的参数设置对话框中的 "锐度" 和 "加速度" 分别是什么意思？

答：Alpha 图像的锐度是指位图明暗交界的锐度，该锐度越小、敏感过度越丰富；加速度则是过渡时速度的变化速率。

7.6 习题

1. 在素材提供的 "金鱼.ezp" 工程（素材/第 7 章/课后练习/金鱼.ezp）中的视频轨道上添加 3D 转场中的 "球化" 转场效果，并按提示设置 "球化" 转场的参数内容，效果如图 7-103 所示（效果/第 7 章/课后练习/金鱼.ezp）。

提示：（1）将关键帧的 "类型" 设置为 "Ease In/Out"。

（2）将"飞向"设置为左下方，"深度"设置为"10"。

图 7-103　球化转场的效果

2．在素材提供的"金鱼 2.ezp"工程（素材/第 7 章/课后练习/金鱼 2.ezp）中的混合器通道左侧和右侧都添加 2D 转场中的"时钟"转场效果，分别在左侧和右侧的转场参数设置对话框中选择◪样式和◩样式，预览素材的效果如图 7-104 所示（效果/第 7 章/课后练习/金鱼 2.ezp）。

图 7-104　时钟转场的效果

3．在素材提供的"节奏.ezp"工程（素材/第 7 章/课后练习/节奏.ezp）中的音频轨道上两个素材中间位置添加"剪切出/线性入"的音频转场效果，并将其持续时间设置为"2 秒"，达到理想过渡音频的效果，如图 7-105 所示（效果/第 7 章/课后练习/节奏.ezp）。

图 7-105　剪切出/线性入音频转场的效果

第8章 其他特效的应用

EDIUS 7 不仅提供了视频和音频的滤镜与转场特效，而且还能为字幕设置转场效果，这样便完善了视频中的画面、声音、字幕及图形等要素的特效添加。另外在 EDIUS 7 的高级特效中可以使用"键"功能，创建出画中画等各种高级画面效果。本章将详细介绍字幕与其他高级特效的应用与设置方法。

 学习要点

➤ 掌握字幕混合特效的基本操作
➤ 熟悉字幕混合特效的应用
➤ 了解键特效的应用与设置

8.1 字幕混合的基本操作

字幕混合是专门针对字幕素材的转场效果。创建字幕后，EDIUS 7 默认为字幕添加淡入淡出效果，根据实际需要，可重新对字幕的转场效果进行设置，此时，就需要用到字幕混合的相关知识。

8.1.1 添加字幕混合

添加字幕混合只能添加到时间线轨道的字幕轨道素材上，常用的方法主要有如下两种。

（1）**拖动鼠标添加**：在"特效"面板中选择字幕混合选项，将其拖动到时间线轨道的字幕素材两端的任意一端，释放鼠标即可，如图 8-1 所示。

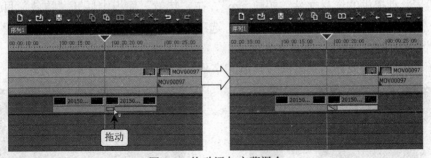

图 8-1 拖动添加字幕混合

（2）**选择快捷命令添加**：选中时间线轨道的字幕素材，然后在"特效"面板中选择字幕混合选项，在其上单击鼠标右键，在弹出的快捷菜单中选择"添加到时间线"命令，在弹出的子菜单中选择添加的位置即可。若需要在字幕素材两端同时添加相同的字幕混合效果，使用此方法会更加快捷，如图 8-2 所示。

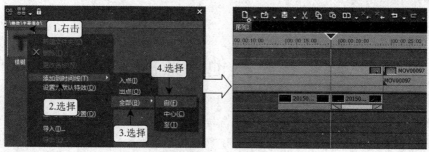

图 8-2　选择快捷命令添加字幕混合

> **TIPS▶** "添加到时间线"菜单命令的"入点"、"出点"和"全部"子菜单分别是指在素材的前端、后端和两端添加字幕混合效果。

8.1.2　更改默认字幕混合

添加到时间线轨道上的字幕素材都自带当前默认的字幕混合效果，系统初始默认的字幕混合效果为"淡入淡出"特效。若经常使用其他字幕特效，则可将默认的字幕混合效果更改，只需在"特效"面板中的字幕混合的缩略图上单击鼠标右键，在弹出的快捷菜单中选择"设置为默认特效"命令即可。被设置为默认字幕混合后的字幕混合缩略图右上方会出现蓝色的大写字母"D"。

下面以设置模糊特效为默认字幕混合特效，并将其添加到字幕素材中为例，介绍更改默认字幕混合的操作方法。

实例 8-1——设置模糊特效为默认字幕混合特效

素材文件	素材\第 8 章\蚂蚁.ezp	视频文件	视频\第 8 章\8-1.swf
效果文件	效果\第 8 章\蚂蚁.ezp	操作重点	设置默认字幕混合特效、添加字幕混合

1　打开光盘提供的素材文件"蚂蚁.ezp"，在"特效"面板中展开"特效"目录，选择"字幕混合"选项，在右侧列表框的"模糊"选项上单击鼠标右键，在弹出的快捷菜单中选择"设置为默认特效"命令，如图 8-3 所示。

2　将"模糊"特效拖动到时间线轨道的字幕素材的左端，如图 8-4 所示。

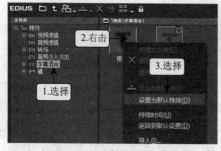

图 8-3　选择默认特效

图 8-4　添加字幕混合

3　完成设置后预览素材，效果如图 8-5 所示。

图 8-5　预览素材

8.1.3　删除字幕混合

删除字幕混合与删除滤镜和转场的操作方法相同，只需在"信息"面板中选中需要删除的字幕混合，然后单击上方的"删除"按钮✖，或选中后直接按【Delete】键即可。

8.2　字幕混合特效的应用

除了"字幕混合"选项中的 2 种基本字幕混合特效以外，EDIUS 7 还有 10 类共 38 种字幕混合预设，但在所有的字幕混合特效中都只能使用预设好的效果，不能更改其参数。下面将介绍几种常见的字幕混合特效的使用效果。

8.2.1　划像

"划像"字幕混合是以平推的方式将字幕逐渐显示完整，其中有向上、向下、向左和向右 4 个方向的字幕特效，如图 8-6 所示为应用了 4 个方向的"划像"字幕混合后的效果。

图 8-6　划像字幕混合的效果

8.2.2　柔化飞入

"柔化飞入"字幕混合是指字幕从四个不同方向飞入画面并在其飞入的边缘处做柔化处理的效果，如图 8-7 所示为应用了 4 种"柔化飞入"字幕混合后的效果。

图 8-7 柔化飞入字幕混合的效果

8.2.3 淡入淡出飞入 A

"淡入淡出飞入 A"字幕混合是指字幕从四个不同方向飞入或飞出画面并伴随有淡入或淡出的特效效果,如图 8-8 所示为应用了"向右淡入淡出飞入 A"字幕混合后的效果。

图 8-8 向右淡入淡出飞入 A 字幕混合的效果

8.2.4 淡入淡出飞入 B

"淡入淡出飞入 B"字幕混合与"淡入淡出飞入 A"字幕混合效果类似,但是其飞入与飞出是在指定区域中进行的,不是全屏运动,如图 8-9 所示为应用了"向右淡入淡出飞入 B"字幕混合后的效果。

图 8-9 向右淡入淡出飞入 B 字幕混合的效果

8.2.5 激光

"激光"字幕混合是以激光镭射的方式从 4 个不同方向将字幕逐渐打印出来的效果,如图 8-10 所示为应用了"右面激光"字幕混合后的效果。

图 8-10　激光字幕混合的效果

 在设置字幕混合特效的时候可将字幕素材的左端入点设置一种特效，右端出点设置另一种特效，这样能使字幕的变换更加多样化。

8.3　高级特效的应用

高级特效中包含键特效和混合特效，其中键特效可通过更改其参数进行设置，而混合特效中的特效选项只能直接添加应用，不能更改参数设置。

8.3.1　添加高级特效

添加高级特效的方法与添加字幕混合的方法基本一致，在"特效"面板中拖动高级特效选项到时间线轨道上的混合器轨道中即可添加，另外可将高级特效添加到 2 个视频素材之间的混合器上，使 2 个视频同时在画面中显示，如图 8-11 所示为添加到 2 个视频素材之间混合器上的方法。

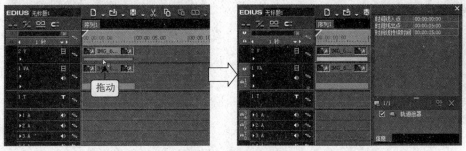

图 8-11　添加高级特效

8.3.2　键特效

键特效可通过色彩算法将不同的视频叠加起来，使得多个视频画面同时显示。EDIUS 7 在"特效"目录下的"键"选项中提供了亮度键、色度键和轨道遮罩 3 种键特效。

1. 亮度键

"亮度键"特效可为视频画面进行抠像，在其中能进行亮度和过渡的处理。在"亮度键"对话框中选中"矩形"后，则矩形外部为透明效果，内部才进行抠像设置，并且还能进行矩形的大小变换。除此之外，若设置关键帧，还能丰富其特效效果。

下面以设置素材亮度键特效中的亮度和过渡效果为例，掌握亮度键的基本设置方法。

实例 8-2——应用亮度键特效的效果

素材文件	素材\第 8 章\花与海.ezp	视频文件	视频\第 8 章\8-2.swf
效果文件	效果\第 8 章\花与海.ezp	操作重点	更改亮度键特效参数

1 打开光盘提供的素材文件"花与海.ezp",在"特效"面板中展开"特效"目录,选择"键"选项,在右侧列表框中选择"亮度键"选项,如图 8-12 所示。

2 将所选的亮度键拖动到时间线轨道的 2 个视频素材之间的混合器轨道中,如图 8-13 所示。

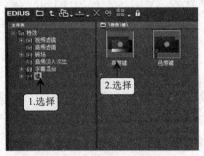

图 8-12 选择亮度键

图 8-13 添加亮度键

3 在信息面板中双击"亮度键"选项,如图 8-14 所示。

4 打开"亮度键"对话框,在右侧"键设置"选项卡中将下方右侧的"过渡"滑块拖动到最右侧,在右侧的"亮度上限"文本框中输入"50",如图 8-15 所示。

图 8-14 设置亮度键

图 8-15 设置亮度和过渡

5 单击"关键帧设置"选项卡,然后选中"关键帧设置"栏中的"启用"复选框,再选中"曲线"单选项,拖动曲线,将下方控制点拖动到如图 8-16 所示的位置。

6 确认设置后预览素材,效果如图 8-17 所示。

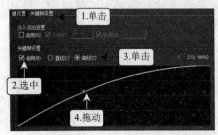

图 8-16 插入关键帧

图 8-17 预览素材

2.色度键

"色度键"特效也是键特效的一种，它广泛应用于视频抠像的制作中。它可以将某个视频中的背景去除，将剩余内容显示到另一视频素材上，从而实现抠像叠加的效果，该特效实可用于一些虚拟演播室、虚拟背景的合成等制作。

下面以为"倒计时"素材添加色度键键特效为例，熟悉该特效的制作方法。

 实例 8-3——应用色度键特效的效果

素材文件	素材\第 8 章\色度键.ezp	视频文件	视频\第 8 章\8-3.swf
效果文件	效果\第 8 章\色度键.ezp	操作重点	更改色度键特效参数

1 打开光盘提供的素材文件"色度键.ezp"，在"特效"面板中展开"特效"目录，选择下方的"键"选项，然后选择右侧列表框中的"色度键"选项，如图 8-18 所示。

2 将选择的键特效拖动到"视频 2"轨道的混合器轨道上，如图 8-19 所示。

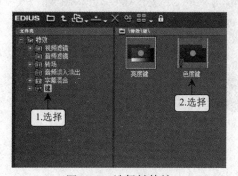

图 8-18 选择键特效

图 8-19 添加键特效

3 在"信息"面板中双击"色度键"选项，如图 8-20 所示。

4 打开"色度键"对话框，单击右上方的 详细设置(D) 按钮，如图 8-21 所示。

图 8-20 设置键特效

图 8-21 添加键特效

5 在"色度键"对话框中的"V"文本框中输入"150"，在"色度"栏的"基本"文本框中输入"0"，单击 确定 按钮，最终效果如图 8-22 所示。

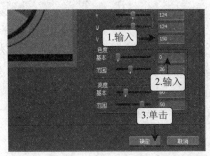

图 8-22　设置颜色和色度

3. 轨道遮罩

"轨道遮罩"特效能快速且简单地将 2 个视频素材在同一画面中显示，在其参数对话框中还可设置遮罩和反转等参数。如图 8-23 所示是选择遮罩亮度和选中"反转"复选框后的效果对比。

图 8-23　轨道遮罩效果

8.3.3　混合特效

混合特效在"特效"面板的"特效/键"目录下，其作用是通过各种颜色算法将两个视频叠加在一起形成不同的混合效果。EDIUS 7 一共提供了 16 种键混合特效，使用时需要将选中的某个特效拖动到 2 个视频素材中间的混合器轨道上。

1. 变亮模式

"变亮模式"混合特效是指将 2 个素材进行比较后，取高值为混合后的颜色，所以颜色的灰度级升高，如图 8-24 所示为应用该混合特效后的效果。

图 8-24　变量模式混合特效的效果

2. 变暗模式

"变暗模式"混合特效是指将 2 个素材进行比较后，取较低值为混合后的颜色，所以总的颜色灰度级降低，如图 8-25 所示为应用该混合特效后的效果。

图 8-25　变暗模式混合特效的效果

3. 叠加模式

"叠加模式"混合特效是以中性灰（RGB=128,128,128）为中间点，大于中性灰的，提高背景图亮度；反之降低背景图亮度，如图 8-26 所示为应用该混合特效后的效果。

图 8-26　叠加模式混合特效的效果

4. 差值模式

"差值模式"混合特效会将上下 2 个像素相减后取绝对值，常用来创建类似负片的效果，如图 8-27 所示为应用该混合特效后的效果。

图 8-27　差值模式混合特效的效果

5. 柔光模式

"柔光模式"混合特效与"叠加模式"混合特效类似，只不过无论变亮还是变暗幅度都比较小，效果较柔和，如图 8-28 所示为应用该混合特效后的效果。

图 8-28　柔光模式混合特效的效果

6. 滤色模式

"滤色模式"混合特效主要效果是提高亮度，黑色与任何背景叠加，其背景色不变；白色与任何背景叠加将得到白色，如图 8-29 所示为应用该混合特效后的效果。

图 8-29　滤色模式混合特效的效果

7. 点光模式

"点光模式"混合特效与"叠加模式"混合特效类似，在效果程度上比"柔光模式"更强烈一点，如图 8-30 所示为应用该混合特效后的效果。

图 8-30　点光模式混合特效的效果

8. 艳光模式

"艳光模式"混合特效是根据像素与中性灰的比较进行变亮或变暗，与"点光模式"相比效果显得更加强烈和夸张，如图 8-31 所示为应用该混合特效后的效果。

图 8-31　艳光模式混合特效的效果

9. 颜色减淡

"颜色减淡"混合特效应用到画面上的主要效果是加深画面，并且会根据叠加像素的颜色相应增加底层的对比度，如图 8-32 所示为应用该混合特效后的效果。

图 8-32　颜色减淡混合特效的效果

8.4 上机实训——制作"高速"视频

下面将在提供的素材上通过添加字幕混合和高级特效等操作来编辑素材内容，熟悉相关知识的操作方法，本实训的效果如图 8-33 所示。

素材文件	素材\第 8 章\懒懒狗.ezp…	视频文件	视频\第 8 章\8-4-1.swf、8-4-2.swf…
效果文件	效果\第 8 章\懒懒狗.ezp	操作重点	添加字幕混合、修改色度键、添加键

图 8-33 预览素材的效果

1. 处理图像素材

下面对图像进行处理，使其作为视频画面中的标识存在。

1 打开光盘提供的素材文件"懒懒狗.ezp"，在时间线轨道的"视频 1"轨道的图像素材上单击鼠标右键，在弹出的快捷菜单中选择"布局"命令，如图 8-34 所示。

2 打开"视频布局"对话框，单击"裁剪"选项卡，然后在下方预览区拖动上、下和右的中线控制点到如图 8-35 所示的位置。

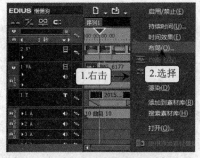

图 8-34 设置视频布局　　　　　　　图 8-35 裁剪素材

3 单击"变换"选项卡，在预览区中拖动素材右上方控制点到如图 8-36 所示的位置。

4 单击"3D"按钮，在预览区中拖动滤色控制点到如图 8-37 所示的位置。

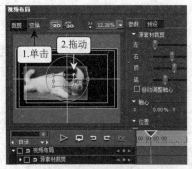

图 8-36 缩小素材

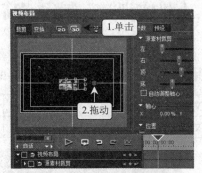

图 8-37 水平翻转素材

5 在右侧"参数"选项卡的"位置"栏中设置"X"和"Y"分别为"34"和"10"，如图 8-38 所示。

6 继续在"视频布局"对话框的右下方，单击 确定 按钮，如图 8-39 所示。

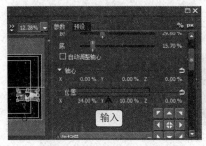

图 8-38 设置素材位置

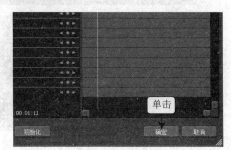

图 8-39 确认设置

2. 添加字幕混合

下面将通过为两段字幕添加不同的字幕混合特效来优化字幕在画面中的效果。

1 在时间线轨道的文字轨道上选择左侧的混合器轨道，如图 8-40 所示。

2 在"特效"面板中依次展开"特效/字幕混合/淡入淡出飞入 A"目录，在右侧列表框中的"向右淡入淡出飞入 A"选项上单击鼠标右键，在弹出的快捷菜单中选择"添加到时间线/全部/中心"命令，如图 8-41 所示。

图 8-40 选择轨道

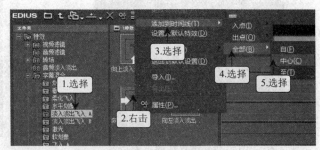

图 8-41 添加字幕混合

3 在时间线轨道的文字轨道的混合器轨道上，向右拖动左侧字幕混合的黄色标记到中间位置，如图 8-42 所示。

4 在该轨道上向左拖动右侧字幕混合的黄色标记到中间位置，如图 8-43 所示。

图 8-42　更改字幕混合持续时间

图 8-43　更改字幕混合持续时间

5　在"特效"面板中选择"激光"选项，在右侧列表框中选择"右面激光"特效，如图 8-44 所示。

6　将激光特效拖动到文字轨道的混合器轨道右侧素材的入点，如图 8-45 所示。

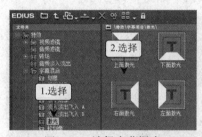

图 8-44　选择字幕混合

图 8-45　添加字幕混合

7　在"特效"面板中选择"软划像"选项，在右侧列表框中选择"向下软划像"特效，如图 8-46 所示。

8　将其拖动到文字轨道的混合器轨道右侧素材的出点，如图 8-47 所示。

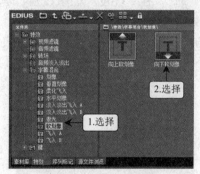

图 8-46　选择字幕混合

图 8-47　添加字幕混合

3. 添加高级特效

下面将通过添加键特效和混合特效，使 2 个素材同时在画面中显示。

1　在"特效"面板中展开"特效"目录，选择"键"选项，在右侧列表框中选择"色度键"选项，如图 8-48 所示。

2　将选择的键特效拖动到"视频 1"轨道和"视频 2"轨道之间的第 1 个混合器轨道上，如图 8-49 所示。

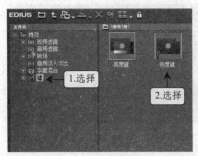

图 8-48 选择键特效

图 8-49 添加键特效

3 在信息面板中双击"色度键"选项，如图 8-50 所示。

4 打开"色度键"对话框，在右侧单击 详细设置(D) 按钮，如图 8-51 所示。

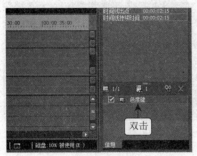

图 8-50 设置键特效

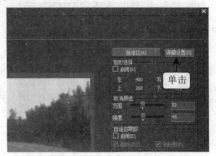

图 8-51 展开详细设置

5 在下方展开的详细信息中设置"Y"、"U"、"V"分别为"255"、"122"、"136"，在"色度"栏中设置"基本"和"范围"分别为"0"和"32"，在"亮度"栏中设置"基本"和"范围"分别为"79"和"1"，单击 确定 按钮，如图 8-52 所示。

6 在"特效"面板中展开"键"目录，选择下方的"混合"选项，再在右侧列表框中选择"差值模式"选项，如图 8-53 所示。

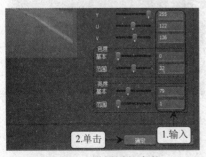

图 8-52 设置详细参数

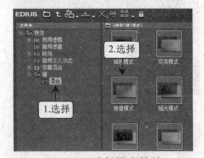

图 8-53 选择混合特效

7 将选择的键特效拖动到"视频 1"轨道和"视频 2"轨道之间的第 2 个混合器轨道上，如图 8-54 所示。

8 将混合特效中的"排除模式"和"滤色模式"特效分别添加到"视频 1"轨道和"视频 2"轨道之间的第 3 个和第 4 个混合器轨道上，如图 8-55 所示。

图 8-54 添加混合特效

图 8-55 添加混合特效

9 在"特效"面板中依次展开"特效/转场/3D"目录，在右侧列表框中选择"双门"选项，如图 8-56 所示。

10 将选择的转场拖动到"视频 2"轨道的第 2 个素材与第 3 个素材之间，如图 8-57 所示。

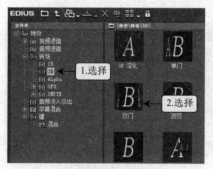

图 8-56 选择转场

图 8-57 添加转场

11 双击该转场，打开"双门"对话框，单击"关键帧"选项卡，在"预设"下拉列表框中选择"Bounce twice"选项，单击 确定 按钮，如图 8-58 所示。

12 完成所有操作，效果如图 8-59 所示。

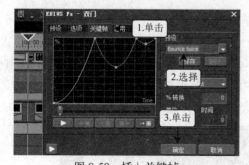

图 8-58 插入关键帧

图 8-59 预览素材

8.5 本章小结

本章主要讲解了字幕混合特效和高级特效的基本操作和应用方法，包括添加字幕混合、更改默认字幕混合、删除字幕混合、添加高级特效、应用字幕混合特效和高级特效等。

其中应着重掌握更改默认字幕混合的操作方法，对于键特效和混合特效的使用方法，可适当了解和熟悉。

8.6 疑难解答

1. 问：在 EDIUS 7 中能不能创建多个视频叠加的效果？

答：能。只需要新建相应数量的视频或视音频轨道，然后将多个视频素材分别添加到同一段时间线的不同轨道上，再在时间线轨道中的每个视频素材之间的混合器轨道中添加高级特效即可，如图 8-60 所示。

2. 问：怎么导入和导出特效预设文件？

答：在"特效"面板中单击鼠标右键，在弹出的快捷菜单中选择"导入"命令，在打开的"打开"对话框中选择特效预设文件将其打开即可；在存储的自定义特效缩略图上单击鼠标右键，在弹出的快捷菜单中选择"导出"命令，如图 8-61 所示，打开"另存为"对话框，在其中进行设置和保存即可导出特效预设文件。

图 8-60 添加高级特效

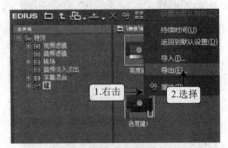
图 8-61 导出特效预设

3. 问：有时在"特效"面板中查找特效后，其面板显得很乱，怎么恢复到初始状态？

答：在"特效"面板中单击鼠标右键，在弹出的快捷菜单中选择"返回到默认设置"命令即可将其恢复到初始状态，另外，自定义的特效和转场效果也不会被删除。

8.7 习题

1. 打开素材提供的"喜庆.ezp"工程文件（素材/第 8 章/课后练习/喜庆.ezp），将"垂直划像[边缘-中心]"字幕混合效果添加到字幕轨道中混合器轨道的入点和出点，最终得到的素材效果如图 8-62 所示（效果/第 8 章/课后练习/喜庆.ezp）。

图 8-62 预览素材的效果

2. 打开素材提供的"喜庆 2.ezp"工程文件（素材/第 8 章/课后练习/喜庆 2.ezp），为其添加亮度键特效，并对其参数进行设置得到如图 8-63 所示的效果（效果/第 8 章/课后练习/喜庆 2.ezp）。

(1) 在"键设置"选项卡中设置右侧的"亮度上限"和"过渡"分别为"150"和"105"。

(2) 在"关键帧"选项卡中选择启动淡入淡出设置，并将入点和出点都设置为"60"。

图 8-63　预览素材的效果

第 9 章　渲染与输出工程

渲染、导出和输出是将视频影片进行交互或展示的步骤。本章将对工程的渲染与输出进行介绍，从而可以将制作好的工程文件有目的地进行各种应用。

　学习要点

➤ 掌握渲染工程的操作
➤ 熟悉转换文件的应用
➤ 熟悉输出文件的操作
➤ 了解刻录光盘的步骤

9.1　渲染工程

工程的渲染是指将时间线上指定的素材区域重新进行计算，从而避免素材、视频特效等内容过多时出现播放不流畅的情况。

9.1.1　渲染整个工程

当时间线滑块位置显示橙色或红色线条时，就表示有可能出现回放停止或播放不流畅的情况，此时便可根据需要对橙色区域或红色区域的素材进行渲染处理。

（1）**橙色区域**：橙色区域代表满载区域，回放时有可能出现停止或不流畅的现象。

（2）**红色区域**：红色区域为过载区域，回放时极有可能出现停止或不流畅的现象。

渲染橙色区域或红色区域的方法为：在预览窗口的菜单栏中选择【渲染】/【渲染整个工程】/【渲染橙色区域】菜单命令，或选择【渲染】/【渲染整个工程】/【渲染红色区域】菜单命令即可。

下面以渲染橙色区域为例，介绍渲染整个工程文件的方法。

　实例 9-1——渲染整个工程文件

素材文件	素材\第 9 章\烟花.ezp	视频文件	视频\第 9 章\9-1.swf
效果文件	无	操作重点	渲染整个工程文件

1　打开光盘提供的素材文件"烟花.ezp"，回放素材或适当查看各素材的位置、持续时间、特效等内容，此时时间线滑块处将显示橙色线条，如图 9-1 所示。

2　选择【渲染】/【渲染整个工程】/【渲染橙色区域】菜单命令，如图 9-2 所示。

图 9-1　回放素材

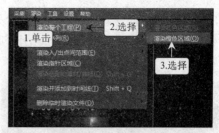

图 9-2　渲染橙色区域

3 EDIUS 将打开"渲染"对话框，其中显示渲染的进度，如图 9-3 所示。

4 渲染完成后对话框将自动关闭，此时橙色线条自动变为绿色，如图 9-4 所示。

图 9-3　渲染工程

图 9-4　完成渲染

9.1.2　渲染序列

当工程中包含多个序列时，渲染整个工程的时间会更长，此时可针对红色区域或橙色区域的序列，单独进行渲染操作，减少渲染时间。

渲染序列中红色区域或橙色区域的方法为：在预览窗口的菜单栏中选择【渲染】/【渲染序列】/【渲染红色区域】菜单命令或选择【渲染】/【渲染序列】/【渲染橙色区域】菜单命令即可。

下面以在预览区中选择渲染序列中的红色区域为例，熟悉渲染序列的方法。

实例 9-2——渲染序列

素材文件	素材\第 9 章\懒懒狗.ezp	视频文件	视频\第 9 章\9-2.swf
效果文件	无	操作重点	渲染序列

1 打开光盘提供的素材文件"懒懒狗.ezp"，回放素材，完成后将显示红色线条的过载区域，如图 9-5 所示。

2 选择【渲染】/【渲染序列】/【渲染红色区域】菜单命令，如图 9-6 所示。

图 9-5　回放素材

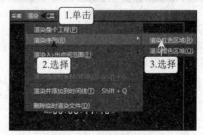

图 9-6　渲染红色区域

3 EDIUS 将打开"渲染"对话框，显示渲染的进度，如图 9-7 所示。

4 渲染完成后对话框将自动关闭，此时红色线条自动变为绿色线条，渲染成功，如图 9-8 所示。

图 9-7　渲染序列　　　　　　　　　　　　　　　图 9-8　完成渲染

9.1.3　渲染入/出点区域

除按整个工程或整个序列渲染素材外，还可设置入出点区域进行渲染，其优点在于可以有针对性地渲染过载或满载区域，减少渲染运算的时间，从而有效地提高渲染效率。

此种渲染方法除了可以渲染红色和橙色区域以外，还可以对所有区域一起进行渲染。

下面设置入点和出点并渲染其中红色区域为例，介绍渲染入出点区域的方法。

 实例 9-3——渲染入/出点区域

素材文件	素材\第 9 章\懒懒狗.ezp	视频文件	视频\第 9 章\9-3.swf
效果文件	无	操作重点	渲染入/出点区域

1 打开光盘提供的素材文件"懒懒狗.ezp"，回放素材，将时间线滑块移动到 1 秒处，单击"设置入点"按钮 ，如图 9-9 所示。

2 将时间线滑块移动到 4 秒处，单击"设置出点"按钮 ，如图 9-10 所示。

图 9-9　设置入点　　　　　　　　　　　　　　　图 9-10　设置出点

3 选择【渲染】/【渲染入/出点间范围】/【渲染红色区域】菜单命令，如图 9-11 所示。

4 开始渲染设置好的入出点之间的红色区域，如图 9-12 所示。此处所需渲染时间明显少于渲染整个序列的时间。

图 9-11　渲染入出点范围

图 9-12　开始渲染

9.1.4　渲染指针区域

渲染指针区域是指通过设置时间线指针位置红色或橙色不可实时播放的区域，使编辑的视频能顺利的实时播放。

在预览区的菜单栏中选择【渲染】/【渲染指针区域】菜单命令即可实现。

下面以渲染"喜庆 2"素材的橙色区域为例，熟悉渲染指针区域的方法。

实例 9-4——渲染指针区域

素材文件	素材\第 9 章\喜庆 2.ezp	视频文件	视频\第 9 章\9-4.swf
效果文件	无	操作重点	渲染指针区域

1　打开光盘提供的素材文件"喜庆 2.ezp"，在时间线轨道中将时间线滑块拖动到"5 秒"处，如图 9-13 所示。

2　在预览区菜单栏中选择【渲染】/【渲染指针区域】菜单命令，如图 9-14 所示。

图 9-13　设置指针位置

图 9-14　选择渲染指针区域

3　此时 EDIUS 将打开"渲染"对话框，显示渲染的进度，如图 9-15 所示。

4　渲染完成后对话框将自动关闭，橙色线条自动变为绿色线条，渲染成功，如图 9-16 所示。

图 9-15　渲染区域

图 9-16　完成渲染

9.1.5 渲染指定的素材或转场

如果在时间线轨道上只有部分区域或素材不可实时播放，可以只对此部分进行渲染，以避免全部渲染而浪费时间，并且还能分别对素材和转场进行渲染。

（1）**渲染指定的素材**：在时间线轨道上选择素材后，选择【渲染】/【渲染选定的素材/转场】菜单命令即可。

（2）**渲染指定的转场**：在时间线轨道上选择转场后，选择【渲染】/【渲染选定的素材/转场】菜单命令即可。

下面以分别渲染素材和转场为例，介绍渲染指定的素材或转场的方法。

实例 9-5——渲染指定的素材或转场

素材文件	素材\第 9 章\懒懒狗 2.ezp	视频文件	视频\第 9 章\9-5.swf
效果文件	无	操作重点	渲染指定的素材和转场

1 打开光盘提供的素材文件"懒懒狗 2.ezp"，回放素材，完成后将显示红色线条的过载区域，如图 9-17 所示。

2 在时间线轨道的"视频 2"轨道上选择第 1 个转场，如图 9-18 所示。

图 9-17　回放素材

图 9-18　选择转场

3 选择【渲染】/【渲染选定的素材/转场】菜单命令，如图 9-19 所示。

4 此时 EDIUS 将打开"正在渲染"对话框，显示渲染的进度，如图 9-20 所示。

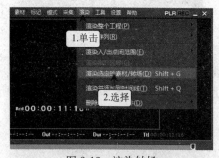

图 9-19　渲染转场

图 9-20　正在渲染

5 在时间线轨道的"视频 2"轨道上选择第 3 个视频素材，如图 9-21 所示。

6 选择【渲染】/【渲染选定的素材/转场】菜单命令，如图 9-22 所示。

图 9-21　选择素材

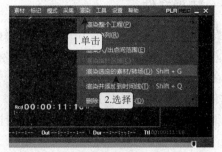

图 9-22　渲染素材

7 此时 EDIUS 将打开"正在渲染"对话框，显示渲染的进度，如图 9-23 所示。

8 渲染完成后对话框将自动关闭，渲染成功，如图 9-24 所示。

图 9-23　正在渲染

图 9-24　完成渲染

 选择【渲染】/【渲染并添加到时间线】菜单命令，EDIUS 将对整个工程文件进行渲染运算，并将渲染后生成的文件自动添加到时间线轨道上。

9.1.6　删除临时渲染文件

删除临时渲染文件可将不能实时播放的运算结果删除，还原为未被渲染的初始状态。其方法为：选择【渲染】/【删除临时渲染文件】/【所有文件】菜单命令，如图 9-25 所示。

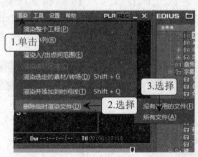

图 9-25　删除临时渲染文件

9.2　输出工程

工程的输出是将工程文件按需要输出为相应格式的视频文件，主要包括 AVI、MOV、MPEG、DVD 等格式，下面将详细介绍输出工程和刻录光盘的方法。

9.2.1 转换文件

转换文件是指将素材库中的某个素材转换为 AVI 格式的视频文件。EDIUS 7 允许对素材库中的素材进行转换，也能对剪切的部分素材进行转换，从而可以合理地使用需要的素材内容。

在"素材库"面板中的素材缩略图上单击鼠标右键，在弹出的快捷菜单中选择【转换】/【文件】命令，打开"另存为"对话框，在其中设置保存路径和文件名即可转换文件。

下面以剪切素材、添加到素材库并转换文件为例，掌握文件的转换方法。

 实例 9-6——转换文件

素材文件	素材\第 9 章\大海.ezp	视频文件	视频\第 9 章\9-6.swf
效果文件	效果\第 9 章\大海.ezp、大海转换.avi	操作重点	转换文件

1 打开光盘提供的素材文件"大海.ezp"，将时间线滑块移动如图 9-26 所示的位置，选择素材后按【C】键剪切。

2 在剪切后左侧的素材上单击鼠标右键，在弹出的快捷菜单中选择"添加到素材库"命令，如图 9-27 所示。

图 9-26 剪切素材

图 9-27 添加到素材库

3 在"素材库"面板中添加的素材上单击鼠标右键，在弹出的快捷菜单中选择【转换】/【文件】命令，如图 9-28 所示。

4 打开"另存为"对话框，在"保存在"下拉列表框中选择文件的保存位置，在"文件名"下拉列表框中输入文件名称，在"保存类型"下拉列表框中选择保存类型，单击 保存(S) 按钮即可，如图 9-29 所示。

图 9-28 转换文件

图 9-29 设置文件名和类型

5 此时 EDIUS 将打开"文件转换中"对话框，显示转换的进度，如图 9-30 所示。

6 转换完成后，在设置的保存位置中即可看到转换成 avi 格式的素材文件，如图 9-31 所示。

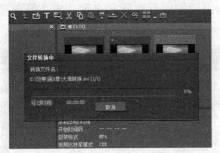

图 9-30　转换文件

图 9-31　转换的 avi 文件

9.2.2　输出文件

EDIUS 7 工程文件可以通过输出功能转换成各种视频格式的文件，如 AVI 格式、MPEG 格式、QuickTime 格式等，从而方便在不同设备上放映。另外，还可进行批量输出，以实现将工程文件按多个段落、多种格式一次性输出为各种文件。使用批量输出的关键在于入点和出点的设置，两点间的范围决定段落的范围。

1. 输出为文件

选择【文件】/【输出】/【输出到文件】菜单命令，在"输出到文件"对话框中选择输出的格式，再在打开的对话框中选择保存的路径即可。

下面以将工程输出为 MPEG 格式的文件为例，介绍工程的输出方法。

 实例 9-7——将工程输出为文件

素材文件	素材\第 9 章\烟花 2.ezp	视频文件	视频\第 9 章\9-7.swf
效果文件	效果\第 9 章\烟花.m2v、烟花.mpa	操作重点	输出为文件

1 打开光盘提供的素材文件"烟花 2.ezp"，选择【文件】/【输出】/【输出到文件】菜单命令，如图 9-32 所示。

2 打开"输出到文件"对话框，在左侧的列表框中选择"MPEG"选项，在右侧的列表框中选择"MPEG2 基本流"选项，单击 输出 按钮，如图 9-33 所示。

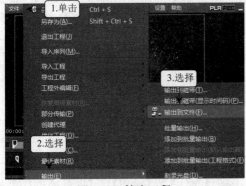

图 9-32　输出工程

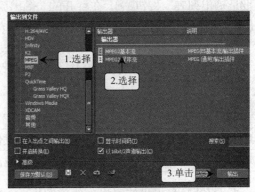

图 9-33　选择输出格式

3 打开"MPEG2 基本流"对话框,单击"视频"文本框右侧的 选择... 按钮,如图 9-34 所示。

4 打开"另存为"对话框,在其中设置文件输出后的保存位置和名称,单击 保存(S) 按钮,如图 9-35 所示。

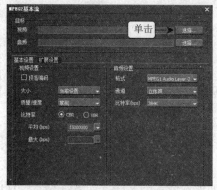

图 9-34 设置输出目标

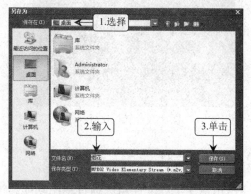

图 9-35 设置保存位置和名称

5 返回"MPEG2 基本流"对话框,自动将音频文件以相同名称保存在视频文件所在位置,单击 确定 按钮即可输出,如图 9-36 所示。

6 此时 EDIUS 将打开"渲染"对话框,显示输出的进度,如图 9-37 所示。

图 9-36 确认输出

图 9-37 输出文件

2. 批量输出

选择【文件】/【输出】/【批量输出】菜单命令,在"批量输出"对话框中单击"添加到批量输出列表"按钮 ,在打开的"输出到文件"对话框中选择输出的格式。返回"批量输出"对话框中设置出入点位置,然后在空白处单击鼠标右键,在弹出的快捷菜单中选择"新建"命令,即可继续添加输出的文件格式和设置出入点。

下面以输出 AVI 格式和 WMV 格式的两段素材为例,熟悉工程批量输出的方法。

 实例 9-8——批量输出

素材文件	素材\第 9 章\烟花 2.ezp	视频文件	效果\第 9 章\烟花练习.avi、烟花练习.wmv
效果文件	视频\第 9 章\9-8.swf	操作重点	批量输出

1 打开光盘提供的素材文件"烟花 2.ezp",选择【文件】/【输出】/【批量输出】菜单

命令，如图 9-38 所示。

2　打开"批量输出"对话框，单击上方的"添加到批量输出列表"按钮 ，如图 9-39 所示。

图 9-38　批量输出

图 9-39　添加批量输出段落

3　打开"输出到文件"对话框，在左侧的列表框中选择"Grass Valley 无损"选项，在右侧的列表框中选择"Grass Valley 无损 AVI"选项，单击 添加到批量输出列表 按钮，如图 9-40 所示。

4　打开"Grass Valley 无损 AVI"对话框，设置输出文件的保存位置和名称，单击 保存(S) 按钮，如图 9-41 所示。

图 9-40　选择类型

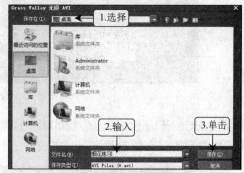

图 9-41　设置文件位置和名称

5　返回"批量输出"对话框，拖动时间线上的滑块确定第一段素材的开始区域和结束区域，然后在"批量输出"对话框中设置对应的"入点"和"出点"的时间分别为"5 秒"和"30 秒"，如图 9-42 所示。

6　在列表框空白区域单击鼠标右键，在弹出的快捷菜单中选择"新建"命令，如图 9-43 所示。

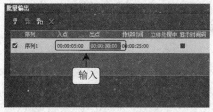

图 9-42　设置入点和出点

图 9-43　新建输出列表

7　打开"输出到文件"对话框，在左侧的列表框中选择"Windows Media"选项，在右侧的列表框中选择"Windows Media Video"选项，单击 添加到批量输出列表 按钮，如图 9-44 所示。

8　打开"Windows Media Video"对话框，设置输出文件的保存位置和名称，单击 保存(S) 按钮，如图 9-45 所示。

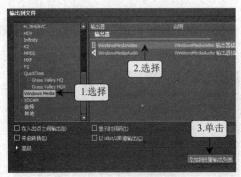 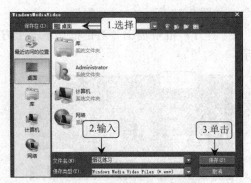

图 9-44　选择类型　　　　　　　　图 9-45　设置文件位置和名称

9　返回"批量输出"对话框，拖动时间线上的滑块确定第二段素材的开始区域和结束区域，然后在"批量输出"对话框中设置对应的"入点"和"出点"的时间分别为"35秒"和"50秒"，单击 输出(E) 按钮，如图 9-46 所示。

图 9-46　设置入点和出点

10　EDIUS 开始逐步输出创建的素材段落，并显示输出进度，如图 9-47 所示。输出完成后便可在设置的保存位置找到对应的文件。

图 9-47　开始批量输出

9.2.3　刻录光盘

EDIUS 可将时间线的所有剪辑区域或指定入点和出点的区域刻录到光盘，制作出带交互式菜单的 DVD 和 BD 光盘。

选择【文件】/【输出】/【刻录光盘】菜单命令，在"刻录光盘"对话框中可对刻录光盘的操作做详细的设置。

1. 添加影片

在"影片"选项卡中可添加视频文件或 EDIUS 序列，其界面如图 9-48 所示。

● **"电影"栏**：单击该栏中某个段落的 设置 按钮，可打开"标题设置"对话框，在其中可设置视频和音频的比特率等参数；右侧的三个按钮可删除和排序段落，一个段落即为一段影片。

- **"添加文件"按钮**：单击 添加文件 按钮，打开"添加段落"对话框，在其中可选择所需视频文件进行添加。
- **"添加序列"按钮**：单击 添加序列 按钮，打开"选择序列"对话框，在其中可选择创建的序列进行添加。

图 9-48 "影片"选项卡

2. 设置样式

在"样式"选项卡中可设置刻录光盘的样式，其界面如图 9-49 所示。

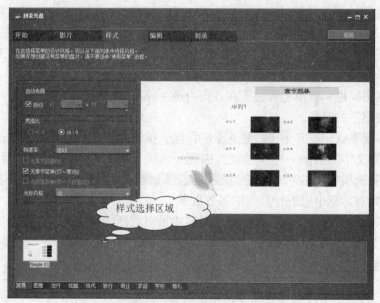

图 9-49 "样式"选项卡

- **"自动布局"栏**：在该栏中可设置界面布局的行数和列数。
- **3 个复选框**：可分别设置有无章节按钮、章节菜单和段落菜单。
- **光标风格**：在"光标风格"下拉列表框中可选择三种光标风格，分别为"充满"、"边"和"下划线"。
- **"样式选择"区域**：该区域位于界面最下方，在其中可从内置光盘菜单库中挑选模板，被选择的模板将会应用到刻录完成的光盘上。

3. 编辑菜单

在"编辑"选项卡中可设置菜单按钮和菜单文字，还可以为菜单背景选择图像，其界面如图 9-50 所示。

图 9-50 "编辑"选项卡

- **控制按钮组**：单击"移动到下一页"按钮 可预览下一页的光盘效果，并能在下方的参数中对其进行各种设置；单击"撤销"按钮 可撤销当前不满意的设置；单击"屏幕格栅"按钮 可在预览界面中添加参考线，以确定按钮或文字在界面中的具体位置或是否对齐。
- **"动态略图"栏**：在该栏可设置在界面中是否应用缩略图的"淡入淡出"动态效果和"淡入淡出"的时长。
- **"段落"列表框**：在其中可设置背景的图像、按钮的图像和显示比例，还能更改文字以及设置文字的字体、大小、颜色、加粗、倾斜、下划线和对齐方式。双击某个选项，或选择某选项后单击下方的 设置 按钮，便可打开"菜单项设置"对话框，在此对话框中可进行具体的参数设置。
- **"左"、"上"、"宽"、"高"文本框**：在其中可对选择的按钮或文本进行位置和大小的设置。

4. 刻录影片

在"刻录"选项卡中可设置卷标号、光盘数量、光驱位置和刻录速度，还可以启动细节设置和光盘镜像，其界面如图 9-51 所示。

- **"设置"栏**：在该栏中可设置卷标号和光盘数量。
- **"启用细节设置"栏**：选中"启用细节设置"复选框后，在其展开的"文件夹设置"栏中可设置保存的文件夹路径，在下方的复选框中可选择输出光盘镜像文件。
- **"选项"选项卡**：在其中可选择第一个播放命令执行时显示菜单或播放第一个影片段落；播放完后是返回到菜单还是播放下一个影片段落。
- **"刻录"按钮**：所有设置完成后，单击 刻录 按钮即可进行光盘的刻录。

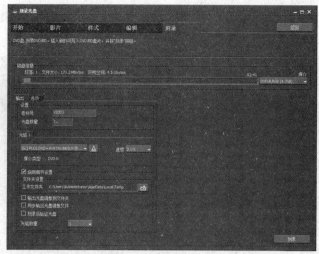

图 9-51 "刻录"选项卡

9.3 上机实训——渲染并输出"街景"视频

下面将提供的素材整体输出为蓝光格式，再批量输出为多种格式并刻录为光盘，效果如图 9-52 所示。

素材文件	素材\第 9 章\街景.ezp、01.avi…	视频文件	视频\第 9 章\9-9-1.swf、9-9-2.swf
效果文件	效果\第 9 章\街景.swf	操作重点	输出为文件、批量输出、刻录光盘

图 9-52 制作为光盘后的效果

1. 输出工程

下面将素材提供的工程文件中的序列 1 文件输出为蓝光格式。

1 打开光盘提供的素材文件"街景.ezp"，在"素材库"面板中双击"序列 1"选项，如图 9-53 所示。

2 在预览窗口的菜单栏中选择【文件】/【输出】/【输出到文件】菜单命令，如图 9-54 所示。

图 9-53 双击序列 1

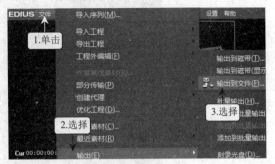

图 9-54 输出文件

3 打开"输出到文件"对话框，在左侧目录栏中选择"H.264/AVC"选项，在右侧列表框中选择"蓝光"选项，单击 输出 按钮，如图 9-55 所示。

4 打开"蓝光"对话框，在其中设置输出路径和文件名后单击 保存(S) 按钮，如图 9-56 所示。

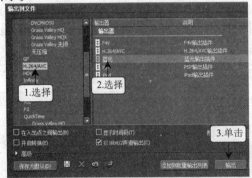

图 9-55 设置输出文件格式

图 9-56 设置路径和文件名

2. 批量输出工程

下面将同一区域的素材分别输出为不同的 QuickTime 格式。

1 在"特效"面板中双击"序列 2"选项，如图 9-57 所示。

2 在预览窗口中选择【文件】/【输出】/【批量输出】菜单命令，如图 9-58 所示。

图 9-57 双击序列 2

图 9-58 选择批量输出

3 打开"批量输出"对话框，单击"添加到批量输出列表"按钮 ，如图 9-59 所示。

4 打开"输出到文件"对话框，在左侧的列表框中选择"QuickTime"选项，在右侧的列表框中选择"ipod"选项，单击 添加到批量输出列表 按钮，如图 9-60 所示。

图 9-59 添加批量输出段落

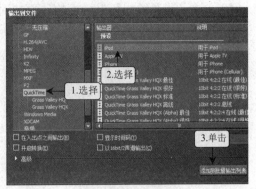

图 9-60 选择类型

5 打开"QuickTime"对话框，设置输出文件的保存位置和名称，单击 保存(S) 按钮，如图 9-61 所示。

6 拖动时间线滑块到需输出素材的"1 秒"处，此时在预览窗口中将显示当前的时间点，如图 9-62 所示。

图 9-61 设置路径和文件名

图 9-62 拖动时间线滑块

7 参照该时间点，在"批量输出"对话框中"入点"栏下方向上拖动鼠标得到对应的时间，如图 9-63 所示。

8 拖动时间线滑块到需输出素材的"5 秒"处，此时在预览窗口中将显示当前的时间点，如图 9-64 所示。

图 9-63 设置入点

图 9-64 拖动时间线滑块

9 参照该时间点，在"批量输出"对话框中"出点"栏下方的文本框中设置对应的时间，如图 9-65 所示。

10 单击"批量输出"对话框的"添加到批量输出列表"按钮 ，如图 9-66 所示。

图 9-65 设置出点

图 9-66 添加批量输出段落

11 打开"输出到文件"对话框，在左侧的列表框中选择"QuickTime"选项，在右侧的列表框中选择"iphone"选项，单击 添加到批量输出列表 按钮，如图 9-67 所示。

12 打开"QuickTime"对话框，设置输出文件的保存位置和名称，单击 保存(S) 按钮，如图 9-68 所示。

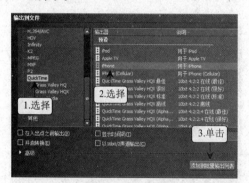
图 9-67 选择类型

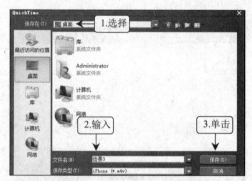
图 9-68 设置文件位置和名称

13 返回"批量输出"对话框，按相同方法设置新添加段落的入出点范围，确认添加的段落内容无误后，在"批量输出"对话框中单击 输出(E) 按钮，如图 9-69 所示。

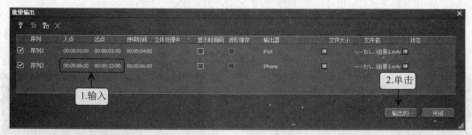
图 9-69 确认输出

14 EDIUS 开始输出设置的两个段落，并显示输出进度，当所有段落的状态均显示为"100%"时，单击 关闭 按钮关闭对话框即可，如图 9-70 所示。

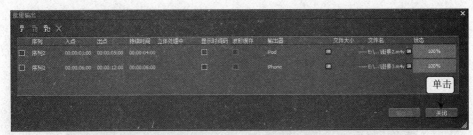

图 9-70 输出完成

3. 刻录光盘

下面将序列 1 和序列 2 中的所有素材刻录为光盘。

1 选择【文件】/【输出】/【刻录光盘】菜单命令，如图 9-71 所示。

2 打开"刻录光盘"对话框，在"开始"选项卡中依次选中"DVD"、"MPEG2"和"使用菜单"单选项，如图 9-72 所示。

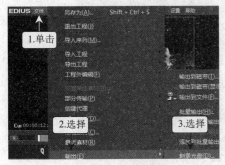

图 9-71 选择刻录光盘

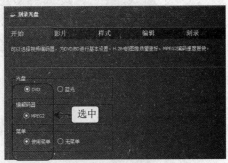

图 9-72 设置光盘、编码器和菜单

3 单击"影片"选项卡，在其下方单击 添加序列 按钮，如图 9-73 所示。

4 打开"选择序列"对话框，选中"序列 1"复选框，单击 确定 按钮，如图 9-74 所示。

图 9-73 添加序列

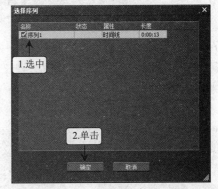

图 9-74 选择序列

5 返回"影片"选项卡，在"电影"栏的"段落 1"选项中的右侧单击 向下 按钮，如图 9-75 所示。

6 单击"样式"选项卡，在最下方单击"旅行"选项卡，在上方列表框中双击"Travel 05"选项，然后在"光标风格"下拉列表框中选择"下划线"选项，如图 9-76 所示。

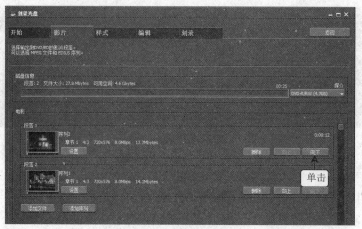

图 9-75　更改序列位置

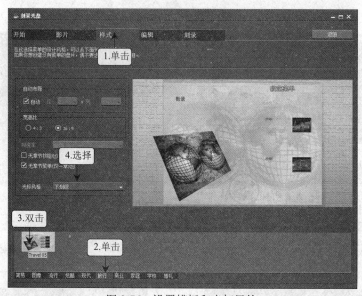

图 9-76　设置模板和光标风格

7　单击"编辑"选项卡，在预览区中双击"街景"文本，如图 9-77 所示。

8　打开"菜单项设置"对话框，在文本框中输入"街景——旅行时的夜景"，在"字体"下拉列表框中选择"方正细倩简体"选项，取消选中"自动"复选框，在"大小"文本框中输入"40"，单击 确定 按钮，如图 9-78 所示。

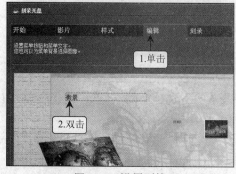

图 9-77　设置页签

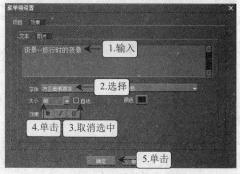

图 9-78　设置字体及字号

9 返回"编辑"选项卡，向右拖动页签文本框右下角到如图 9-79 所示的位置。

10 在预览区中双击"序列 1"文本，如图 9-80 所示。

图 9-79　更改文本框大小

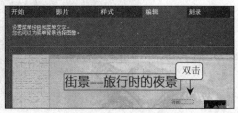

图 9-80　设置标签

11 打开"菜单项设置"对话框，在文本框中输入"广场"，在"字体"下拉列表框中选择"方正卡通简体"选项，取消选中"自动"复选框，在"大小"文本框中输入"30"，单击 确定 按钮，如图 9-81 所示。

12 返回"编辑"选项卡，向左下方拖动标签文本框的左下角到如图 9-82 所示的位置。

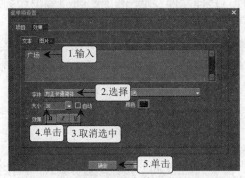

图 9-81　设置字体及字号

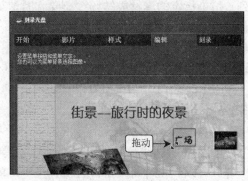

图 9-82　更改文本框大小

13 按照相同方法继续在预览区中设置下方的标签为如图 9-83 所示的样式。

14 单击"刻录"选项卡，在"设置"栏中设置"光盘数量"为"3"，如图 9-84 所示。

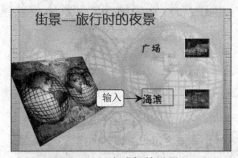

图 9-83　完成标签设置

图 9-84　设置光盘数量

15 在"刻录"选项卡中，单击"选项"选项卡，在"播放影片段落后的指令"栏中选中"播放下一个影片段落"单选项，单击 刻录 按钮，如图 9-85 所示。

图 9-85　设置播放段落后的操作

9.4　本章小结

　　本章主要讲解了渲染工程和输出工程的基本操作和应用方法，包括渲染整个工程、渲染序列、渲染指定的素材或转场、删除临时渲染文件、转换文件、输出文件、批量输出和刻录光盘等方法。

　　其中关于文件转换的方法需要熟练掌握，并着重掌握渲染工程的操作方法，另外需要熟悉输出文件的操作步骤及光盘刻录的方法。

9.5　疑难解答

　　1. 问：在时间线窗口中可以选择渲染素材的命令吗？

　　答：可以。在时间线窗口的工具箱中，单击"渲染入/出点间"按钮 🔳 右侧的下拉按钮 🔳，在弹出的下拉菜单中可选择"渲染全部"、"渲染入/出点"、"删除渲染文件"和"渲染并添加到时间线"命令。

　　2. 问：渲染文件时有快捷键可以执行操作吗？

　　答：按【Ctrl+Shift+Q】键可渲染过载（红色）区域；按【Ctrl+Shift+Alt+Q】组合键可渲染满载（橙色）区域。

　　3. 问：输出为文件时，如何设置输出时更多的参数？

　　答：在"输出到文件"对话框中，当选择输出文件格式后，再选中"开启转换"复选框，然后展开"高级"目录，在其展开的"更改视频格式"栏中可进行帧尺寸、宽高比、帧速率等更多的参数设置，如图 9-86 所示。

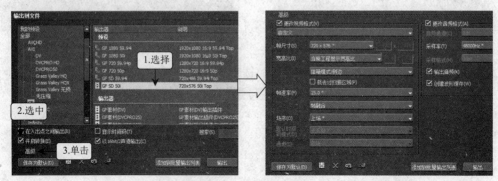

图 9-86　设置输出参数

4. 问：怎么将工程文件输出到摄像机的磁带上？

答：工程文件输出到摄像机磁带上的方法为：通过 IEEE 1394 采集卡连接摄像机，在 EDIUS 7 操作界面中选择【文件】/【输出】/【输出到磁带】菜单命令，在打开的对话框中确认输出到磁带上的时间点后，确认设置即可。

5. 问：怎么快速添加入/出点和删除入/出点？

答：调整好时间线滑块后，按【I】键可设置入点，按【Alt+I】键可删除入点；按【O】键可设置出点，按【Alt+O】键可删除出点。

9.6　习题

1. 将素材提供的"灿烂.ezp"工程文件（素材/第 9 章/课后练习/灿烂.ezp）进行渲染，然后输出为 MPEG 格式文件，在播放器中播放输出的视频效果如图 9-87 所示（效果/第 9 章/课后练习/灿烂.mpg）。

提示：（1）打开素材，渲染整个工程文件。

（2）输出工程，格式为"MPEG"。

（3）在电脑上的任意播放器中播放输出的文件。

图 9-87　播放器中播放输出的视频

2．将素材提供的"灿烂.ezp"工程文件（素材/第 9 章/课后练习/灿烂.ezp）中部分素材格式进行转换和批量输出，批量输出的参数设置如图 9-88 所示（效果/第 9 章/课后练习/灿烂.ezp）。

提示：（1）打开工程文件，将"01"素材转换为"01.f4v"文件。

（2）将"02"、"04"和"06"素材对应的播放区域分别批量输出为"02.mp4、04.mpg、06.m4v"格式文件。

图 9-88　批量输出的参数设置

第 10 章 综合案例——制作"九寨沟"电子相册

本案例将综合利用图像、音频和字幕素材，制作精美动感的电子相册，并将其输出为 avi 格式，以便在其他设备上播放欣赏。通过本次综合案例的制作与练习，可以在进一步掌握巩固所学知识的同时，了解电子相册的一般制作思路和方法。

 学习要点

- ➤ 了解电子相册的制作思路
- ➤ 掌握电子相册各制作环节的具体实现方法
- ➤ 熟悉创建工程、添加素材的方法
- ➤ 掌握设置转场效果的方法
- ➤ 熟悉设置视频布局效果操作
- ➤ 掌握设置字幕的方法
- ➤ 熟悉输出工程的操作

案例目标

本案例将制作一个简单的电子相册，最终效果如图 10-1 所示，通过案例巩固本书介绍的相关知识，包括创建工程、添加素材、设置素材之间的转场效果、设置视频布局效果、创建字幕、添加音频素材和输出工程等内容。

学习本案例时，除了熟悉并巩固相关知识的用法以外，还应该了解整个案例的制作思路，通过本案例加深电子相册制作工作的各个环节和流程。

素材文件	素材\第 10 章\熊猫海 1.jpg、熊猫海 2.jpg…	视频文件	视频\第 10 章\10-1.swf、10-2.swf…
效果文件	效果\第 10 章\九寨沟.ezp	操作重点	设置转场效果、设置视频布局效果

图 10-1 "九寨沟"电子相册效果图

图 10-1　"九寨沟"电子相册效果图（续）

案例分析

电子相册不同于一般的相册，其显著的特点在于可以使静止的图像展现出各种丰富生动的动态效果，并通过辅以声音、文字等多媒体元素，使得整个电子相册具备图文并茂、影音视听的功能。

本案例将制作的电子相册分辨率为 720×576，重点突出电子相册的动感以及丰富的多媒体元素。制作本案例时，应注意以下几方面的问题。

（1）**工程文件的大小**：由于已经明确了电子相册的分辨率大小，因此在创建工程时一定要匹配相应的格式，本案例创建的工程文件分辨率为 720×576，为便于在电视上欣赏，采用宽屏样式，即 16:9 模式。

（2）**转场的设置**：转场的作用在于自然、合理地过渡素材。一般而言，在同一个工程中使用花样繁多的转场，其效果给人的感觉是目不暇接，容易产生视觉疲劳。本案例将采用默认转场辅以少量其他转场的方案，使素材的过渡可以轻松自然，同时也不会感觉枯燥乏味。

（3）**视频布局的使用**：要想得到精美、动感效果的电子相册，需要合理地应用各种视频布局，这也是本案例的重点操作环节。就电子相册而言，视频布局的关键在于图像内容的体现，只要能体现出图像中最精彩的内容，那么使用哪种视频布局效果都是可以的。

清楚了解整个电子相册主要应用的重难点后，就可以按照素材文件的管理、制作电子相册基本内容、制作转场效果、制作视频布局效果、添加字幕、添加音频并输出工程的步骤来规划整个案例的制作流程。

（1）**素材文件的管理**：本案例将使用介绍顺序，体现九寨沟各个景点的精美风景，因此这就需要合理的管理各种图像素材，使得在后期编辑时能轻松地找到需要的图像。

（2）**制作电子相册基本内容**：为了使电子相册更为完整，需要使用色块来制作电子相册的封面和结束内容，然后将图像素材按一定顺序添加到时间线轨道上，并适当调整部分素材的持续时间。

（3）**制作转场效果**：本案例涉及 30 个左右的素材，在确定好素材顺序和持续时间后，便可为其添加各种转场效果。

（4）**制作视频布局效果**：添加转场后，便可根据需要为部分素材设置各种视频布局的效果。

（5）**添加字幕**：本案例的电子相册中，所需字幕主要为标题字幕、景点名称字幕和结束语字幕，制作好视频布局效果后，便可依次添加这些字幕内容了。

（6）**添加音频并输出工程**：本案例的音频素材是已经编辑好的，将其添加到音频轨道上之后，便可保存工程并输出为指定的文件格式了。

案例步骤

具体操作

1. 创建工程并添加素材

下面首先启动 EDIUS 7，然后新建一个工程，并在工程中添加素材文件，其操作步骤如下。

1 启动 EDIUS 7，在打开的"初始化工程"对话框中单击 新建工程(N) 按钮，并在打开的对话框中选中"自定义"复选框，确认设置，如图 10-2 所示。

2 打开"工程设置"对话框，在"视频预设"下拉列表框中选择"SD PAL DV 720×576 50i 16:9"选项，在"音频预设"下拉列表框中选择"48Hz/2ch"选项，确认设置，如图 10-3 所示。

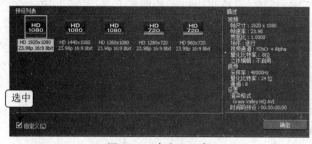

图 10-2　自定义工程

图 10-3　设置视音频格式

3 进入 EDIUS 7 的操作界面，按【Ctrl+Shift+S】键另存工程，打开"另存为"对话框，在"保存在"下拉列表框中设置保存路径，在"文件名"下拉列表框中输入"九寨沟"，单击 保存(S) 按钮，如图 10-4 所示。

4 在"素材库"面板中单击上方工具栏中的"添加素材"按钮 ，如图 10-5 所示。

图 10-4　设置路径和文件名

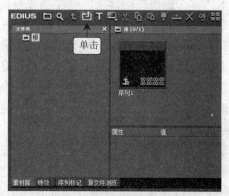

图 10-5　添加素材

5 打开"打开"对话框，在其中选择光盘提供的所有图像素材和音频素材，单击 打开(O) 按钮，如图 10-6 所示。

6 返回"素材库"面板，单击上方工具栏中的"视图"按钮 中的下拉菜单按钮，在弹出的下拉菜单中选择"详细文本（小）"命令，如图 10-7 所示。

图 10-6 选择路径和文件

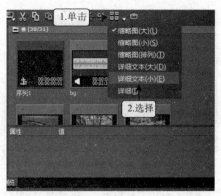

图 10-7 更改视图显示

7 在工具栏中单击 "新建素材" 按钮 ，在弹出的下拉菜单中选择 "色块" 命令，如图 10-8 所示。

8 打开 "色块" 对话框，单击 确定 按钮，如图 10-9 所示。

图 10-8 新建色块

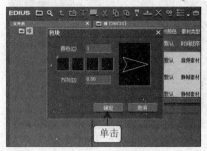

图 10-9 确认新建色块

9 将刚创建的黑色色块重命名为 "背景图"，如图 10-10 所示。

10 将新建的色块添加到 "视音频 1" 轨道上，单击 "组/链接模式" 按钮 ，删除解组后的音频部分，如图 10-11 所示。

图 10-10 重命名色块

图 10-11 添加素材

11 在色块素材上单击鼠标右键，在弹出的快捷菜单中选择 "持续时间" 命令，在 "持续时间" 对话框中将持续时间设置为 "2 秒"，单击 确定 按钮，如图 10-12 所示。

12 选择色块素材，按【Ctrl+C】键进行复制，然后将时间线滑块拖动到色块素材的最右侧，按两次【Ctrl+V】键复制两次，如图 10-13 所示。

图 10-12　设置持续时间

图 10-13　复制色块

13 利用【Shift】键在"素材库"面板中同时选择"熊猫海 1—熊猫海 4"图像素材，将其添加到时间线滑块的位置，如图 10-14 所示。

14 将"素材库"面板中的其他图像素材添加到轨道上，顺序依次为"熊猫海瀑布、镜海、孔雀河、芦苇海、诺日朗瀑布、树正瀑布、五彩池、五花海、犀牛海"，如图 10-15 所示。

图 10-14　添加图像素材

图 10-15　添加其他图像

2. 添加并设置转场效果

下面将为图像素材之间的过渡添加转场效果，并设置部分转场效果的参数。

1 在时间线轨道中选择"熊猫海 1"素材，单击上方工具栏中的"设置默认转场"按钮，为其添加默认的"溶化"转场效果，如图 10-16 所示。

2 按相同方法为其他素材添加默认转场，其中不同景点素材之间不进行添加，如图 10-17 所示。

图 10-16　添加默认转场

图 10-17　添加默认转场

3 选择"熊猫海瀑布 1"素材，然后将"2D-条纹"转场添加到其上，并在"信息"面板中双击添加的"条纹"转场选项，如图 10-18 所示。

4 打开"条纹"对话框，单击"样式"栏中的"向右"按钮，设置"条纹"数量为"8"，

确认设置，如图 10-19 所示。

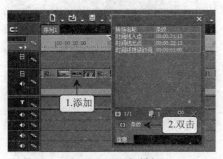

图 10-18 添加转场

图 10-19 设置转场

5 选择添加的转场，在其上单击鼠标右键，在弹出的快捷菜单中选择"复制"命令，如图 10-20 所示。

6 在时间线轨道的"镜海 1"素材上单击鼠标右键，在弹出的快捷菜单中选择【粘贴】/【素材入点】菜单命令，如图 10-21 所示。

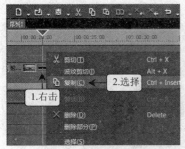

图 10-20 复制转场

图 10-21 粘贴转场

7 按相同方法粘贴设置的"2D-条纹"转场效果到景点与景点之间转换的素材上，如图 10-22 所示。

图 10-22 复制转场

3. 设置视频布局效果

下面将为部分素材调整其视频布局效果。

1 选择"熊猫海 1"素材，按【F7】键打开"视频布局"对话框，单击"变换"选项卡，然后单击右侧的"预设"选项卡，双击"原始尺寸"选项，如图 10-23 所示。

2 将时间线滑块调整到整个轨道时间的"2 秒"处（EDIUS 操作界面的时间线），选中"轴心"复选框，将 X 和 Y 的轴心位置均设置为"0"，如图 10-24 所示。

图 10-23　调整素材尺寸

图 10-24　设置关键帧

3　将时间线滑块调整到整个轨道时间的"7 秒"处（EDIUS 操作界面的时间线），将轴心的 X 和 Y 设置为"-2%"和"-10%"，然后单击 确定 按钮，如图 10-25 所示。

4　选择"熊猫海 2"素材，按【F7】键打开"视频布局"对话框，在"预设"选项卡中双击"原始尺寸"选项，然后调整时间线滑块的位置到整个轨道时间的"8 秒"处（EDIUS 操作界面的时间线，下同），选中"伸展"复选框，将 X 和 Y 的伸展度设置为"100%"，如图 10-26 所示。

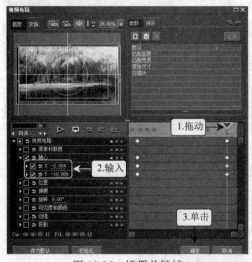

图 10-25　设置关键帧

图 10-26　调整素材尺寸并设置关键帧

5　将时间线滑块调整到整个轨道时间的"11 秒"处，重新将 X 和 Y 的伸展度均设置为"120%"，单击 确定 按钮，如图 10-27 所示。

6　选择"熊猫海 3"素材，按【F7】键打开"视频布局"对话框，在"预设"选项卡中双击"原始尺寸"选项，然后调整时间线滑块的位置到整个轨道时间的"13 秒"处，选中"旋转"复选框，将其设置为"0"，如图 10-28 所示。

7　将时间线滑块调整到整个轨道时间的"17 秒"处，重新将旋转参数设置为"5"，单击 确定 按钮，如图 10-29 所示。

8　选择"熊猫海 4"素材，按【F7】键打开"视频布局"对话框，在"预设"选项卡中双击"原始尺寸"选项，然后调整时间线滑块的位置到整个轨道时间的"18 秒"处，选中"可见度和颜色"复选框下的"素材不透明度"复选框，将不透明度设置为"100%"，如图 10-30 所示。

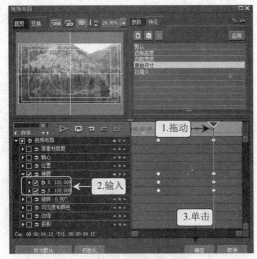

图 10-27 设置关键帧

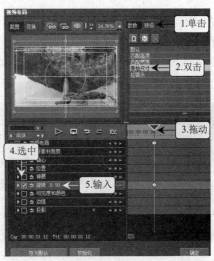

图 10-28 调整素材尺寸并设置关键帧

图 10-29 设置关键帧

图 10-30 调整素材尺寸并设置关键帧

9 将时间线滑块调整到整个轨道时间的"22 秒"处，重新将不透明度设置为"0%"，单击 确定 按钮，如图 10-31 所示。

10 选择"熊猫海 1"素材，单击鼠标右键，在弹出的快捷菜单中选择"复制"命令，如图 10-32 所示。

图 10-31 设置关键帧

图 10-32 复制视频布局

11 选择"熊猫海瀑布 1"素材，单击鼠标右键，在弹出的快捷菜单中选择【替换】/【滤镜】命令，快速为该素材应用设置的视频布局效果，如图 10-33 所示。

12 按相同方法将"熊猫海 2"素材的视频布局效果复制到"熊猫海瀑布 2"素材上，并依此为其他素材反复应用设置的 4 种视频布局效果即可，如图 10-34 所示。

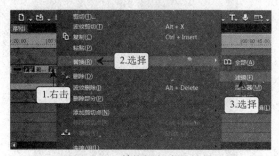

图 10-33　替换视频布局效果

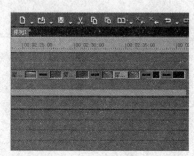

图 10-34　复制视频布局效果

4. 创建并设置字幕

下面将为片头、片尾和景点图像创建字幕。

1 在"素材库"面板中按【Ctrl+T】键，打开 Quick Titler 编辑窗口，创建样式为"Style-01"的横向字幕文本，并将字体设置为"微软雅黑"、字号设置为"48"、加粗显示，如图 10-35 所示。

2 再次创建样式为"Style-01"的横向字幕文本，并将字体设置为"微软雅黑"、字号设置为"36"，将两个文本的位置排列为如图 10-36 所示的效果。

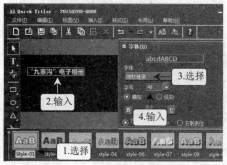

图 10-35　创建并设置字幕

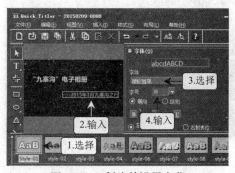

图 10-36　创建并设置字幕

3 选择【文件】/【另存为】菜单命令，如图 10-37 所示。

4 在"另存为"对话框中设置保存路径和文件名，单击 保存(S) 按钮，如图 10-38 所示。

图 10-37　另存字幕

图 10-38　设置路径和文件名

5 返回 "素材库" 面板，双击 "标题" 字幕素材，在打开的窗口中利用 "选择对象" 工具选择上方的文本对象，按【Ctrl+C】键复制，单击右上方的 "关闭" 按钮 X，如图 10-39 所示。

6 按【Ctrl+T】键再次打开 Quick Titler 编辑窗口，在其中单击 "选择对象" 按钮 ，按【Ctrl+V】键粘贴复制的文本，将其内容修改为如图 10-40 所示的效果，并分别单击 "居中（垂直）" 按钮 和 "居中（水平）" 按钮 ，调整该文本的位置。

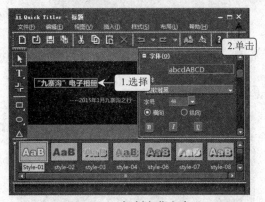

图 10-39 复制字幕文本

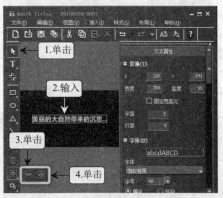

图 10-40 粘贴并修改文本

7 按照相同的另存方法，将该字幕存为 "结束语 1" 素材，如图 10-41 所示。

8 按相同方法通过复制粘贴操作快速创建如图 10-42 所示的字幕文本内容。

图 10-41 另存字幕文本

图 10-42 粘贴并修改文本

9 按相同方法，将该字幕存为 "结束语 2" 素材，如图 10-43 所示。

10 在时间线窗口左侧面板上单击 "设置波纹模式" 按钮 ，如图 10-44 所示。

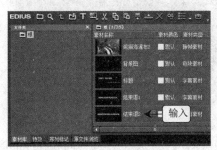

图 10-43 另存字幕文本

图 10-44 设置波纹模式

11 将 "标题" 字幕素材添加到 "字幕 1" 轨道的最左侧，将其持续时间调整为 "2 秒"，如图 10-45 所示。

12 按相同方法将 "结束语 1" 和 "结束语 2" 字幕素材添加到最后两个色块素材对应的 "字幕 1" 轨道上，持续时间同样调整为 "2 秒"，如图 10-46 所示。

图 10-45　添加字幕并设置持续时间

图 10-46　添加字幕并设置持续时间

13 新建字幕，创建纵向字幕文本，格式设置为"Style-06、方正魏碑简体、48"，如图 10-47 所示。

14 新建垂直的直线，将其格式设置为"Line-02"，如图 10-48 所示。

图 10-47　创建并设置字幕文本

图 10-48　创建并设置直线

15 将该字幕另存为"熊猫海"素材，然后添加到"熊猫海 1"素材下方的"字幕 1"轨道上，如图 10-49 所示。

16 在"素材库"面板中双击"熊猫海"字幕素材，在打开的窗口中框选字幕文本和直线，按【Ctrl+C】键进行复制，如图 10-50 所示。

图 10-49　添加字幕

图 10-50　复制字幕

17 新建字幕，按【Ctrl+V】键粘贴，修改字幕内容后调整文本的排列方向和直线的方向及长度，并将这两个对象移动到左下方，如图 10-51 所示。

18 将该字幕另存为"熊猫海瀑布"素材，如图 10-52 所示。

19 按相同方法复制字幕并新建字幕窗口，通过粘贴和修改的方式快速制作字幕内容，如图 10-53 所示。

20 将该字幕另存为"镜海"素材，如图 10-54 所示。

图 10-51　粘贴并修改字幕

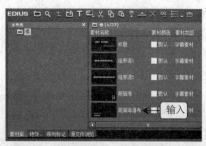

图 10-52　另存字幕

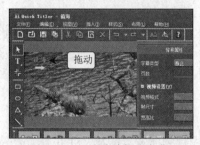

图 10-53　粘贴并修改字幕

图 10-54　另存字幕

21 按相同方法制作其他景点名称的字幕素材，如图 10-55 所示。

22 依次将各字幕素材添加到景点图像素材对应的 "字幕 1" 轨道上，如图 10-56 所示。

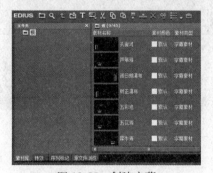

图 10-55　创建字幕

图 10-56　添加字幕

5. 添加音频素材并输出工程

下面将为制作的视频添加声音，再将其输出为 "AVI" 格式。

1 将 "素材库" 面板中的 "bg" 音频素材添加到 "音频 1" 轨道上，如图 10-57 所示。

2 选择【文件】/【输出】/【输出到文件】菜单命令，如图 10-58 所示。

图 10-57　添加音频素材

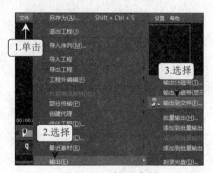

图 10-58　输出素材

3 打开"输出到文件"对话框，在左侧列表框中选择"AVI"选项，在右侧列表框中选择"Grass Valley HQ（Alpha）标准"选项，单击 输出 按钮，如图 10-59 所示。

4 打开"另存为"对话框，在其中设置文件输出后的保存位置和名称，单击 保存(S) 按钮，如图 10-60 所示。

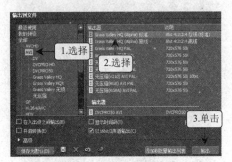
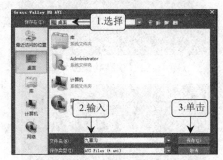

图 10-59　设置输出类型　　　　图 10-60　设置输出位置和名称

5 打开"渲染"对话框，其中将显示渲染与输出的进度，如图 10-61 所示。

6 输出完成后，找到生成的 AVI 视频文件，利用视频播放器播放文件并查看效果即可，如图 10-62 所示。

图 10-61　正在输出　　　　图 10-62　查看视频内容

第11章 综合案例——制作"使用插座"科普视频

本案例将通过各种有关插座使用的视频素材，结合适当的字幕和音效元素，制作内容简单易懂，效果生动活泼的如何安全使用插座的科普视频。通过本次综合案例的制作与练习，可以进一步熟悉和巩固所学的知识，同时也能了解到科普视频的一般制作思路和方法。

 学习要点

- ➢ 了解科普视频的制作思路
- ➢ 掌握科普视频各制作环节的具体实现方法
- ➢ 熟悉视频滤镜和转场的应用方法
- ➢ 掌握添加同步字幕的方法
- ➢ 熟悉特色字幕的制作过程
- ➢ 掌握添加音效和背景音乐的操作

案例目标

本案例将制作一个科普类的教学视频，最终效果如图11-1所示，通过案例巩固本书介绍的相关知识，包括添加素材、设置持续时间、应用视频滤镜效果、应用转场效果、添加同步字幕、制作特色字幕以及添加背景音乐等内容。

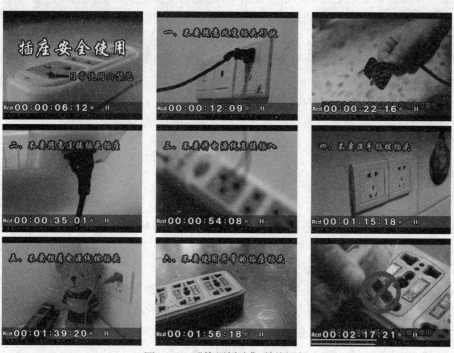

图11-1 "使用插座"科普视频

学习本案例时，除了掌握并巩固相关知识的用法以外，还应该了解整个案例的制作思路，通过本案例熟悉科普视频制作工作的各个环节和流程。

素材文件	素材\第 11 章\插座使用安全.ezp…	视频文件	视频\第 11 章\11-1.swf、11-2.swf…
效果文件	效果\第 11 章\插座使用安全.ezp	操作重点	应用视频滤镜效果、制作特色字幕

案例分析

科普类视频的特点在于利用恰当的视频内容，以浅显的、让公众易于理解、接受和参与的方式向普通大众介绍自然科学和社会科学知识，以此来推广科学技术的应用、倡导科学方法、传播科学思想、弘扬科学精神。

本案例制作的科普视频，重点是介绍插座的安全使用方法，因此视频内容应直观，不能太过复杂，同时需要结合正确的同步字幕，让观众能够轻松理解视频要表达的内容，达到科普宣传的目的。制作本案例时，应注意以下几方面的问题。

(1) 视频素材的剪切：光盘中提供的素材内容有些可能过于冗长，有些可能包含不必要的内容，因此在编辑视频素材时，应对视频素材进行剪切处理，使整个工程的内容能更加简单和直观，达到一目了然的效果。

(2) 字幕的创建：字幕一定要保证内容的正确性，这包括字幕本身的合理性和准确性，也包括与视频内容的一致性。

(3) 字幕和音效的处理：除了普通的字幕以外，为了增加视频的生动性，可根据内容适当增加一些活泼的字幕，并通过配以极具特色的音效，来丰富整个视频内容。

清楚了解整个电子相册主要应用的重难点后，就可以按照编辑视频素材、使用视频滤镜和转场、添加字幕、添加特色字幕和音效的步骤来规划整个案例的制作流程。

(1) 编辑视频素材：通过剪切素材、调整播放速度、获取静帧图像等各种设置来编辑和组织视频素材的内容。

(2) 使用视频滤镜和转场：为视频素材添加并设置适当的滤镜和转场效果，提升整个视频内容的表现力和画面质量。

(3) 添加字幕：根据提供的内容制作相应的字幕素材，并添加到相应的位置。

(4) 添加特色字幕和音效：根据视频内容创建相应的特色字幕，并辅以音效素材来丰富视频内容。

具体操作

1. 添加并编辑视频素材

下面首先打开素材提供的工程文件，然后在其中进行剪切素材和调整播放速度等操作。

1 打开光盘提供的素材文件"插座使用安全.ezp"，在"素材库"面板中双击"06"视频素材，如图 11-2 所示。

2 在预览窗口中拖动滑块到适当位置，单击"设置入点"按钮，如图 11-3 所示。

3 拖动滑块，单击"设置出点"按钮，如图 11-4 所示。

4 拖动设置的入点至该视频素材的"02:00"处，如图 11-5 所示。

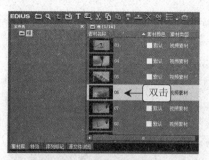

图 11-2　双击素材

图 11-3　设置入点

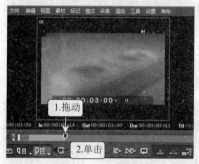

图 11-4　设置出点

图 11-5　调整入点

5　拖动设置的出点至该视频素材的"13:00"处，如图 11-6 所示。

6　单击"插入到时间线"按钮 ，将设置的入出点区域添加到时间线轨道上，如图 11-7 所示。

图 11-6　调整出点

图 11-7　添加到时间线

7　在"素材库"面板中双击"01"视频素材，在预览窗口中设置其入点位置为"00:10"，出点位置为"05:00"，单击"插入到时间线"按钮 ，如图 11-8 所示。

8　此时设置的入出点区域将插入到时间线轨道上，如图 11-9 所示。

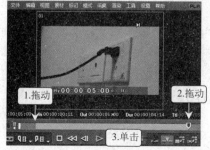

图 11-8　设置入出点

图 11-9　添加到时间线

9 按相同的方法，依次将其他的视频素材设置好适当的入出点，并添加到时间线轨道上，如图 11-10 所示。

图 11-10　添加其他视频素材

10 将时间线滑块移动到"01"素材的最左端，如图 11-11 所示。

11 选择【素材】/【创建静帧】菜单命令，如图 11-12 所示。

图 11-11　调整时间线滑块

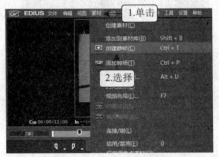

图 11-12　创建静帧图像

12 在"素材库"面板中将创建的静帧素材重命名为"标题 1"，如图 11-13 所示。

13 将"标题 1"静帧素材添加到"01"视频素材左侧，然后在该静帧素材上单击鼠标右键，在弹出的快捷菜单中选择"持续时间"命令，如图 11-14 所示。

图 11-13　重命名素材

图 11-14　选择持续时间

14 打开"持续时间"对话框，将时间设置为"03:00"，单击 确定 按钮，如图 11-15 所示。

15 按相同方法获取"04"、"05"、"07"、"09"和"11"视频素材最左端的静帧图像，并将其以"标题 2"、"标题 3"……分别命名，如图 11-16 所示。

图 11-15　设置持续时间

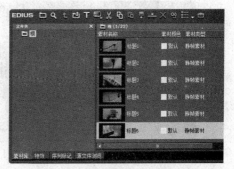

图 11-16　获取素材并重命名

16 将获取的静帧素材依次添加到 "04"、"05"、"07"、"09" 和 "11" 视频素材的左侧，并将其持续时间均设置为 "03:00"，如图 11-17 所示。

17 选择 "05" 视频素材，在其上单击鼠标右键，在弹出的快捷菜单中选择【时间效果】/【速度】命令，如图 11-18 所示。

图 11-17　添加素材并设置持续时间

图 11-18　设置时间效果

18 打开 "素材速度" 对话框，在 "比率" 文本框中输入 "60"，单击 确定 按钮，如图 11-19 所示。

19 选择 "07" 视频素材，在其上单击鼠标右键，在弹出的快捷菜单中选择【时间效果】/【速度】命令，打开 "素材速度" 对话框，在 "比率" 文本框中输入 "120"，单击 确定 按钮，如图 11-20 所示。

图 11-19　设置播放速度

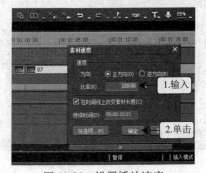

图 11-20　设置播放速度

20 框选 "08" 及其右侧的所有素材，将其拖动到 "07" 素材的右侧即可，如图 11-21 所示。

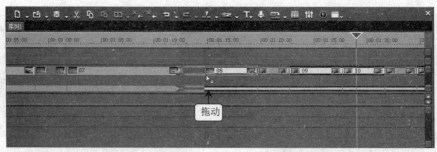

图 11-21　移动素材位置

2. 应用视频滤镜和转场

下面将应用"色彩平衡"视频滤镜、默认转场效果和 2D 转场效果为视频添加特殊效果。

1　在素材库窗口中单击"特效"选项卡，依次展开"特效/视频滤镜/色彩校正"目录，在右侧列表框中选择"色彩平衡"选项，如图 11-22 所示。

2　将选中的视频滤镜拖动到时间线轨道的"06"素材上，如图 11-23 所示。

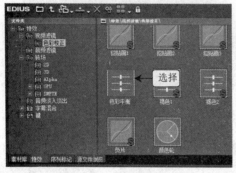

图 11-22　选择视频滤镜

图 11-23　添加视频滤镜

3　在信息窗口中双击"色彩平衡"选项，如图 11-24 所示。

4　打开"色彩平衡"对话框，将"品红-绿"滑块设置为"-5"、"黄-蓝"滑块设置为"10"，并确认设置，如图 11-25 所示。

图 11-24　设置视频滤镜

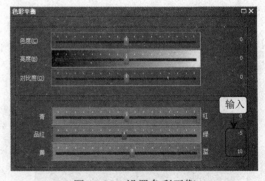

图 11-25　设置色彩平衡

5　此时素材的画面将从冷色色调变为更为暖色的色调，增加画面温暖的感觉，如图 11-26 所示。

6　在"06"素材上单击鼠标右键，在弹出的快捷菜单中选择"复制"命令，如图 11-27 所示。

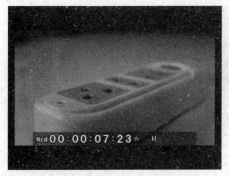

图 11-26　添加视频滤镜后的效果

图 11-27　复制素材

7　在 "01" 素材上单击鼠标右键，在弹出的快捷菜单中选择【替换】/【滤镜】命令，如图 11-28 所示。

8　按相同方法或直接按【Alt+R】键，为其他静帧素材和视频素材应用相同的视频滤镜，如图 11-29 所示。

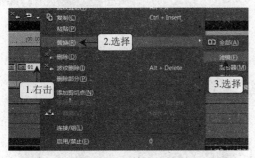

图 11-28　替换滤镜

图 11-29　应用滤镜

9　选择 "标题 1" 静帧素材，按【Ctrl+P】组合键应用系统默认的转场效果，如图 11-30 所示。

10　按相同方法为其他静帧素材添加系统默认的转场，如图 11-31 所示。

图 11-30　添加转场

图 11-31　添加转场

11　切换到 "特效" 选项卡，展开 "特效/转场/2D" 目录，并在右侧的列表框中选择 "交叉划像" 选项，如图 11-32 所示。

12　将选择的转场添加到 "06" 素材左侧的转场通道上，如图 11-33 所示。

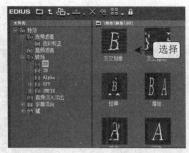

图 11-32　选择转场

图 11-33　添加转场

3. 添加字幕

下面将为各使用步骤添加相应的字幕。

1 选择"字幕 1"轨道，在其上单击鼠标右键，在弹出的快捷菜单中选择【添加】/【在上方添加字幕轨道】命令，如图 11-34 所示。

2 打开"添加轨道"对话框，在"数量"文本框中输入"1"，单击 确定 按钮，如图 11-35 所示。

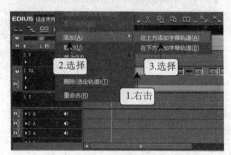

图 11-34　添加轨道

图 11-35　设置数量

3 向下拖动"字幕 1"轨道下方的分栏以显示更多添加的轨道，如图 11-36 所示。

4 在素材库窗口的工具栏中单击"添加字幕"按钮 T，如图 11-37 所示。

图 11-36　显示轨道

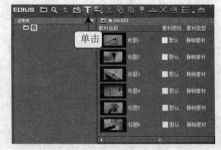

图 11-37　添加字幕

5 打开 QuickTitler 编辑窗口，在"样式"列表框中选择"Style-01"样式选项，创建横向文本（可复制提供的"字幕.txt"文本），然后在"字体"下拉列表框中选择"楷体"选项，在"字号"下拉列表框中输入"65"，如图 11-38 所示。

6 按【Ctrl+S】键保存字幕并关闭窗口，将该字幕素材添加到"字幕 1"轨道上，调整素材长度，左端与"06"素材左侧转场的右端对齐，右端与"06"素材右侧转场的左端对齐，

如图 11-39 所示。

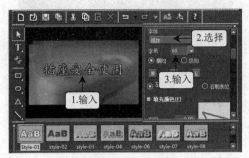

图 11-38　创建字幕

图 11-39　添加字幕

7　创建"副标题"字幕，位置位于主标题右下方，样式为"Style-01"，格式为"楷体、36、蓝色填充"，如图 11-40 所示。

8　将"副标题"字幕添加到"字幕 2"轨道上，位置和长度按如图 11-41 所示的效果调整。

图 11-40　创建字幕

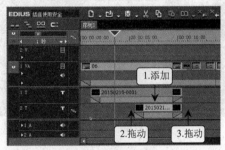

图 11-41　添加字幕

9　创建"标题 1"字幕，位置位于左上方，样式为"Style-01"，格式为"楷体、36、蓝色填充"，如图 11-42 所示。

10　将"标题 1"字幕添加到"字幕 1"轨道上，位置和长度按如图 11-43 所示的效果调整。

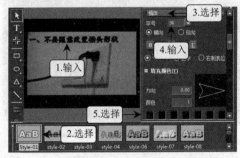

图 11-42　创建字幕

图 11-43　添加字幕

11　创建"01"字幕，位置位于下方，样式为"Style-01"，格式为"微软雅黑、20"，如图 11-44 所示。

12　将"01"字幕添加到"字幕 1"轨道上"01"视频的下方，长度按如图 11-45 所示的效果调整。

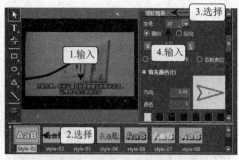

图 11-44 创建字幕

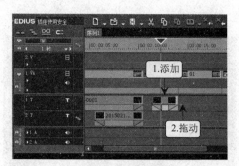

图 11-45 添加字幕

13 在"素材库"面板中双击"标题 1"字幕，在打开的窗口中选择该文本，单击鼠标右键，在弹出的快捷菜单中选择"复制"命令，如图 11-46 所示。

14 新建"标题 2"字幕，在其中粘贴并修改复制字幕内容，如图 11-47 所示。

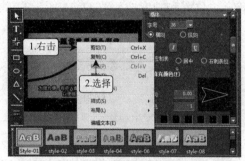

图 11-46 复制字幕

图 11-47 粘贴并修改字幕

15 将"标题 2"字幕添加到如图 11-48 所示的位置。

16 按相同方法创建其他静帧图像对应的标题字幕和视频素材对应的同步字幕即可，如图 11-49 所示。

图 11-48 添加字幕

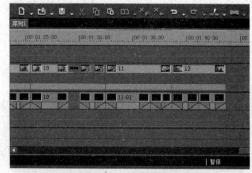

图 11-49 添加其他字幕

4. 制作特色字幕

下面将在视频画面中制作图形符号的特色字幕，为观众提供更为直观的讲解。

1 新建字幕，按住"椭圆"工具不放，在弹出的下拉列表中选择"圆"工具，如图 11-50 所示。

2 拖动鼠标绘制圆形，然后在右侧的列表框中将填充颜色的透明度设置为"100%"，如图 11-51 所示。

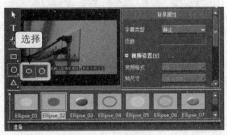

图 11-50　选择工具

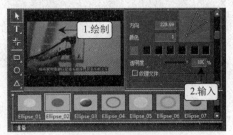

图 11-51　设置透明度

3 选中"边缘/线形"复选框，将"实边宽度"设置为"15"，"柔边宽度"设置为"5"，"颜色"设置为"红色"，如图 11-52 所示。

4 选择"实线"工具，在"样式"列表框中选择"Line_01"样式选项，如图 11-53 所示。

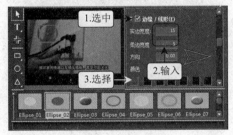

图 11-52　设置边缘

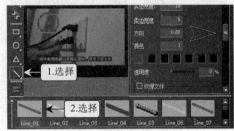

图 11-53　选择工具和样式

5 拖动鼠标创建直线，将其线宽设置为"20"，颜色设置为"红色"，如图 11-54 所示。

6 拖动直线的端点调整其方向，然后将其移动到圆形上，如图 11-55 所示。

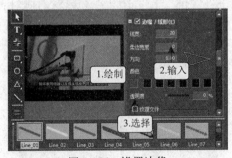

图 11-54　设置边缘

图 11-55　调整直线方向和位置

7 利用"选择对象"工具框选两个图形，分别单击"居中（垂直）"按钮和"居中（水平）"按钮，如图 11-56 所示。

8 按【Ctrl+S】键保存字幕并关闭窗口，在"素材库"面板中将创建的字幕素材重命名为"错误"，如图 11-57 所示。

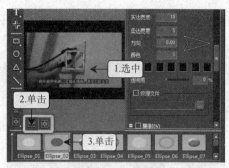

图 11-56　对齐图形

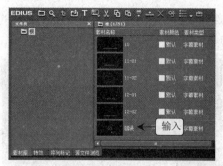

图 11-57　重命名素材

9 将"错误"字幕素材添加到"字幕 2"轨道上，在其上单击鼠标右键，在弹出的快捷菜单中选择"持续时间"命令，在打开的对话框中将持续时间设置为"01:00"，然后单击 确定 按钮，如图 11-58 所示。

10 将"错误"字幕素材拖动到"03"字幕素材下方，右端对齐，如图 11-59 所示。

图 11-58　设置持续时间

图 11-59　移动素材

11 保持"错误"字幕的选择状态，按【Ctrl+C】组合键复制，然后按【Ctrl+V】键粘贴，并将其拖动到与"04-02"字幕素材右侧对齐的位置，如图 11-60 所示。

12 粘贴"错误"字幕素材，分别移动到与"05"、"08"和"10"视频素材右侧对齐的位置，如图 11-61 所示。

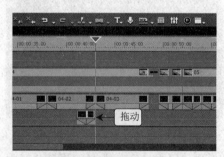

图 11-60　复制后拖动字幕

图 11-61　复制字幕

5. 添加音效和背景音乐

下面将为制作的视频添加声音效果，以丰富视频的整体内容。

1 在"素材库"面板中选择"NO"音频素材，如图 11-62 所示。

2 将选择的素材添加到"音频 1"轨道上，位置与上方第 1 个"错误"字幕素材的左侧对齐，如图 11-63 所示。

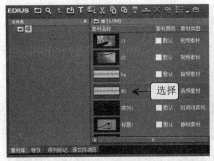
图 11-62　选择素材

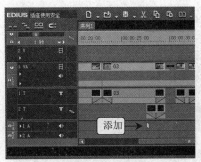
图 11-63　添加素材

3 按相同方法将"NO"音频素材添加到"音频 1"轨道上，位置分别于其他"错误"字幕素材的左侧对齐，如图 11-64 所示。

4 在"素材库"面板中选择"bg"音频素材，如图 11-65 所示。

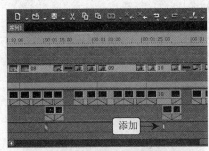
图 11-64　添加素材

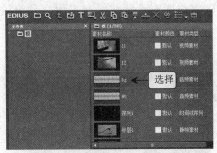
图 11-65　选择素材

5 将选择的素材添加到"音频 2"轨道的最左侧，如图 11-66 所示。

6 将时间线滑块拖动到"12"视频素材的最右侧，选择"bg"音频素材，按【C】键将其剪断，如图 11-67 所示。

图 11-66　添加素材

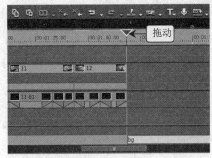
图 11-67　剪切素材

7 按【Delete】键将剪断的音频后面部分删除，再切换到"特效"面板，展开"特效"目录，选择下方的"音频滤镜"选项，然后在右侧的列表框中选择"音调控制器"选项，如图 11-68 所示。

8 将选择的音频滤镜添加到"bg"音频素材上，然后在"信息"面板中双击"音调控制器"选项，如图 11-69 所示。

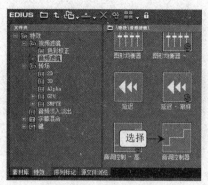

图 11-68　选择滤镜

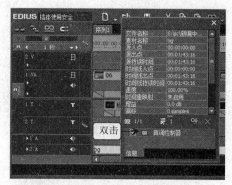

图 11-69　添加滤镜

9 打开"音调控制器"对话框，将低音增益和高音增益均设置为"-12dB"，单击 确定 按钮，如图 11-70 所示。

10 完成所有设置并保存工程，预览效果即可，如图 11-71 所示。

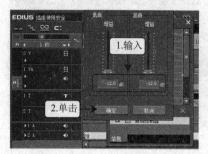

图 11-70　设置增益

图 11-71　预览素材